다육식물 매뉴얼

The Succulent Manual

모든 기후에 **적용**되는 **관리**와 **치료 가이드**

A guide to care and repair for all climates

다육식물 매뉴얼

The Succulent Manual

모든 기후에 **적용**되는 **관리**와 **치료 가이드**

A guide to care and repair for all climates

앤드리아 아프라_Andrea Afra 저 / 남상용 역

RGB

다육식물 매뉴얼(The Succulent Manual):
모든 기후에서 적용되는 관리와 치료 가이드(A guide to care and repair for all climates)
앤드리아 아프라(Andrea Afra)

다육식물을 사랑하는 당신을 위해 이 책을 드린다(Published by Sucs for You).
sucsforyou.com

이 책은 인내심 있게 나를 가르쳐온 다육식물에게 바친다. 진리와 믿음의 근원이었던 나의 소중한 사람들과 이 다육식물 여행을 하면서 알게 된 많은 나의 훌륭한 친구들에게 드린다.

차 례(Contents)

차 례(Contents)

차 례(Contents)

차 례(Contents)

차 례(Contents)

차 례(Contents)

머리말(Preface)

세계적으로 수백만의 사람들이 이상하게도 이 다육식물과 사랑에 빠져왔다. 이 매력은 창가(window sill)에서 시작한 하나의 다육식물 기르기와 관리에서부터 출발한다. 그 이후에는 선반(shelf)으로, 궁극적으로는 마루(floor)와 식탁(dining table)을 점령하고 결국 더 많은 재배대를 구입하기까지에 이른다. 이 이야기가 여러분에게도 해당하는가? 여러분은 한 손으로 여러분의 다육식물을 셀 수 있는가? 아니면 여러분의 집 주변, 햇빛이 잘드는 여유 공간을 모두 다 점령하고 있는가? 우리가 이미 가지고 있는 많은 다육식물은 어찌되었든 또 하나의 다육식물을 위한 자리는 항상 준비되어 있다. 그렇지 않은가?

아마도 여러분은 아직까지 많은 다육식물을 소유하지 못했을 수도 있고 잘 재배할 재능(green thumb)이나 계절이 바뀔 때마다 계속 잘 살려갈 자신이 없어 걱정할 수도 있다. 아니면 이전에 여러분이 다육식물을 죽게 만들어서 자신감이 떨어졌을 수도 있다. 앞으로 희생자가 될 다육식물을 가엾게 여기고 미리 포기할 수도 있다. 여러분은 다육식물 절화에 집착할 수도 있다. 이유인즉, 다른 절화재료들은 집으로 가져오는 순간 이미 죽어가고 있다고 생각하기 때문이다. 여러분이 이 다육식물 매뉴얼을 읽고 나면 번식의 기회가 오고 또 올 것이다.

여러분은 이제 다육식물의 필요를 이해하고 통찰력(insight)이 생기게 되면 여러분도 이제 많은 다육식물을 잘 유지하는 여행을 떠날 수 있게 된다. 문자 그대로(literally) 너무 많은 다육식물로 인해 이제 목에까지 차게되면 여러분은 그동안 무시하고 과소평가하던 다육식물을 공부해야 하는 필요를 다시 느끼게 될 것이다. 다육식물을 철저히 망가뜨려본 사람만이 다육식물을 잘 키울 수 있다. 해결책은 그들에게 다육식물을 한두 개 더 주고 기다려 보라는 것이다. 얼마 있지 않아서 그들은 이 다육식물을 사랑하는 법을 알게 되고 그들이 이제가지 생각했던 것이 얼마나 어리석은 일이었는가를 깨닫게 될 것이다.

그동안 어려웠던 다육식물 재배는 이 다육식물 매뉴얼의 각 장에서 중요한 내용을 자세히 잘 설명해 줄 것이다.

다육식물의 기초(Basic Tips): 먼저, 여러분은 기초적인 관리의 노하우와 생활환(재배력)을 알게 될 것이고 그런 후 다육식물을 어떻게 관리해야 잘 살고 행복한 지를 확실하게 이해(solid understanding)하게 된다. 이것은 문제점 해결을 위한 꼭 필요한 과정이다.

다육식물의 번식(Make More Sucs): 하나의 식물체에서 다육식물을 번식시키기 위해 많은 품종들의 생활사(생활주기)를 공부한다. 여러분은 엽삽, 분주, 삽목, 종자 등을 통한 다양한 번식방법을 배우게 될 것이다.

병충해의 증상과 치료(Succulent SOS): 다육식물의 병충해나 기상재해로 늘어지고 낙엽이 지는 병징(symptoms)을 통해 문제점을 파악하고 이어서 대처방안(take action)을 제시하고 해결하며 치료를 할 수 있게 한다.
기후와 지역별 관리(Regional Tips): 여러분은 다양한 기후대에서 주요한 영향을 끼치는 것이 무엇인지, 또 장애물(obstacles)은 무엇인지를 알게 될 것이다. 이 장에서 여러 지역과 계절에 따른 문제들을 해결할 방법을 알게 될 것이고 각 장에서 적어도 3가지 이상의 기술들을 배우게 될 것이다.

이 다육식물 매뉴얼은 분류(identification), 관리(care) 그리고 정원 만들기, 구입안내와 자재 공급업체, 어휘(glossary), 그리고 다른 중요한 조언을 마다하지 않는다. 다육식물은 우리의 간섭(interference)에도 불구하고 흠모할만한 매력이 넘치고 우리의 무관심(ignorance)에도 생존하는 힘이 있다. 우리가 걷어차도 생존하는 강한 본성이 있고 바로 그런 것을 우리가 느끼고 배우게 하려는 것처럼 생존을 한다. 기다리면서 무언가를 해주면 다육식물은 충분히 잘 자라가지 않던가? 그럴 뿐만 아니라 우리는 작은 지혜들을 정원에서 배우게 된다. 이 다육식물 매뉴얼 책자를 늘 주변에 두고 공부하기 바란다. 이 책의 다양한 지식과 통찰력은 여러분을 도와 여러분의 다육식물이 무슨 말을 하고 있는지 알려줄 것이다.

예를 들면
나에게 물을 주지 마세요(Stop watering me!)
나는 햇빛이 필요해요(I need more sun!)
이젠 햇빛이 너무 강해요(That' s too much sun!)
나에게 해충이 있어요(I' ve got BUGS!)
라는 등…

주인님, 당신은 멋져요(You' re doing great), 나는 너무 행복해요(I' m perfectly happy!)라는 소리가 들리지 않은가? 정원가꾸기와 용기선택은 매우 특별한 보상을 우리에게 돌려준다. 많은 곳에서 만족(contentment)하지 못할지라도 조용한 감사(appreciation)가 우리의 영향을 통해서 다육식물에 나타날 것이다. 어떤 사람들은 교회를 가거나 병원에서 치료를 받는 것처럼 그들의 영혼에 좋은 정신적 도움을 줄 것이다. 그리고 다육식물을 보는 행복을, 우리의 손톱에 묻은 흙을 통해 돈으로 살 수 없는 만족감을 느끼게도 해 줄 것이다.

끝으로 다육식물의 특징과 번식의 상징적 경구를 한마디 하고자 한다.

꽃은 자르면 죽지만 다육식물은 자르면 번식이 된다(Cut Flowers Die, Succulents Multiply).

앤드리아 아프라(Andrea Afra), 여러분을 위한 다육이로부터(Sucs for You)

역자의 글

선인장과 다육식물은 전세계적인 작물이자 미래작물이고 언제 어디서나 볼 수 있는 작물이 되었다. 즉, 유비쿼터스(ubiquitous)적인 작물인 것이다. 다육식물은 20대부터 70대까지 모두가 좋아하는 전연령층을 커버하는 작물이다. 뿐만 아니라 농촌부터 도시까지, 노지에서부터 고층빌딩까지, 근무자의 책상위에서부터 휴가여행(가지고 다닐 수 있음)을 마음대로 다닐 수 있게 100일 동안 물도 안주고 굶겨도 끄떡없이 자라고 언제 어디서나 다 재배할 수 있는 시공간을 초월하는 작물이다. 저자들도 학자에 국한되지 않고 애호가부터 판매자까지 30대부터 70대까지 다양한 저자가 있다. 판매자도 다양하고 판매방법도 다양하여 노상판매는 물론 전자상거래를 하는 홈페이지도 많다. 즉 직업과 취미가 가능한 작물로 필자가 보기에 이런 작물이 또 있을까 싶다. 최근에는 다육식물 펀드투자자를 모집할 정도의 작물로 옛날 네덜란드 튤립 투기 열풍을 빼고 이만한 다양성과 인기를 구가하는 작물이 없을 것이다. 다육식물은 취미로도 재배하고, 상업적으로도 투자 할만하다. 도시화하는 현대인들의 속성에 잘 맞는 탁월하고 우수한 특성을 가진 독특한 식물로서 여러분을 행복하고 건강하게 하면서 경제적 이득을 가져다주는 것으로 이만한 작물이 없을 것이다.

재배자의 입장에서 보면, 초보자는 물과 비료도 마음대로 못주는 가장 재배하기 어려운 작물이라고 하고 우수한 독농가는 잎사귀를 훑어서 적당히 두었다가 그대로 뿌리기만 해도 번식이 되는 데 이보다 더 번식이 쉽고, 물을 안주고 적당히 말려도 되니 편하고, 병충해도 적어 이보다 더 재배하기 쉬운 작물이 없다고 한다. 즉 어느 정도 다육식물에 대한 습성이 파악되면 정말 재배하기 쉽고 재미있다는 것이다. 들어갈 때는 울고 들어가도 재배하고 있을 때나 판매하기 위해 나올 때는 웃고 나오는 작물인 것이다. 동식물과 사람도 환경이 맞지 않으면 병이 생긴다. 그래서 가장 좋아하는 환경을 잘 맞추어 주어야 하는 것이다. 가장 극한 환경에서 잘 자라는 다육식물은 생산, 가공, 판매까지 비교적 수월하게 최적의 환경을 만들어 줄 수 있는 작물이다.

그런데 어느 때부터인가 우리 주변에는 매뉴얼이 지배하는 세상이 되었다. 이럴 땐 어떻게 하지? 대가족 사회와 농경사회에서 산업 정보화 시대로 진입하면서 핵가족화 되었고 독립적으로 살아가게 되면서 우리는 조상이나 이웃들로부터 자연스럽게 지식과 노하우가 전수되는 길이 거의 없어지고 아주 사소한 것들도 책을 봐야하고 체계적인 시스템, 즉 매뉴얼에 의존해야 하는 시대가 되었다. 좋게 보면 꼭 나쁠 것도 없지만 반대적인 입장에서 보면 배우고 즐기는데 고비용 구조에 시간도 많이 걸린다. 그런데 그나마 매뉴얼이라도 있으면 좋겠다는 생각을 할 때가 있다. 지금 이 책이 그러할 때 출판되지 않나 싶다. 뭔가 모를 불안감과 원인을 몰라 걱정스러울 때 이 책이 상세하게 경험자의 입장에서 설명해 준다. 저자는 전문적 연구자가 아니어서 학술적으로는 다소 미흡함이 없지 않으나 체험적 경험에서 나오는 적절하고 실제적인 섬세함에서 나오는 여러 가지 팁(tip)들은 여러분에게 많은 도움이 될 것이다.

미세먼지가 기승을 부리는 요즘 하찮게 여기던 공기의 소중함을 절실하게 깨닫게 된다. 그냥 오는 것으로 생각했던 빛도 황사먼지에 가려 선인장과 다육식물의 품질을 떨어뜨리고 재배하기 힘들게 만든다. 불편하다는 생각에 불평만 하던 비와 수분공급은 우리에게 이제 값비싼 자원이자 감사함으로 새삼스럽게 다가온다. 우리는 환경을 만들고 환경은 우리를 만든다고 했는데 요즘처럼 환경에 대한 역습을 많이 받은 적이 없었던 것 같다. 좋은 환경은 좋은 사람을 만든다. 식물은 줄을 맞추어 심으면 줄을 맞추어 자란다. 거짓과 흐트러짐이 없고 심은 대로 거두는 것이 농업이고 다육식물 재배인 것이다. 다육식물은 우리에게 볼거리를 제공하고 공업과 의약품 원료에서 먹는 식품까지 여러분의 물리적, 생물적, 그리고 문화적 욕구와 필요를 채워주는 선인장과 다육식물에 행복과 건강을 심고, 심은 대로 거두는 여러분이 되기를 바란다.

2019.9.15. 불암산 기슭에서 남상용 드림

제1장 다육식물의 기초(Basic Tips)

제1장 다육식물의 기초(Basic Tips)

1. 색깔과 형태(Color and Form)

다육식물을 구입할 때 우리는 색깔에 눈이 고정되게 된다. 그러나 몇 주가 지나가고 나면 밝은 분홍이나 보라색이 연한 녹색이 되기도 하고 경우에 따라서는 형태까지도 변하게 된다. 이런 것은 온실이나 재배환경이 바뀌었기 때문에 일어나는 현상이다. 빛과 온도는 다육식물의 조절에서 아주 중요한 2가지 요소이다. 만약 여러분이 같은 조건을 맞추어 주지 못하면 이런 변화는 불가피한 측면이 있다.

▲ *에케베리아* '티피'(*Echeveria* 'Tippy')가 보여주는 초겨울의 밝고 붉은 잎 끝의 모습

그러나 생육에 좋은 환경이 되면 이 색은 다시 녹색이 된다. 다시 몇주간 맑은 날이 계속되고 날씨가 추워지면서 건조하게 되면 이 다육식물들은 다시 빛나는 색을 나타낸다. 건조한 토양과 밝은 빛, 10~20℃의 온도는 이들을 스트레스성 칼라(stressed colors)인 색깔을 띠게 만든다. 추운

날씨는 이들 다육식물들을 저자가 원했던 형태로 바꾸어 준다.

유포르비아 티루칼리 '스틱 온 파이어'(*Euphorbia tirucalli* 'Sticks on Fire')는 가장 밝은 오렌지와 후크시아(fuchsia) 색을 나타낼 것이다. *칼랑코에 루시아* '플랩잭'(*Kalanchoe luciae* 'Flapjacks')은 환상적인 크림색을 나타낼 수 있다. 어떤 품종은 조건을 잘 조절하면 1년에 걸쳐 모든 무지개의 색을 나타내기도 한다. 그리고 반드시 저온이어야 할 이유는 없다. 밝은 빛과 다소 건조한 조건이면 이들은 색을 발현하기도 한다. 반대로 너무 더운 환경에 처하면 스트레스를 받아 휴면에 들어가거나 죽을 수도 있다. 약 1주일 정도 수분공급을 늘리고 햇빛을 줄이면 이 다육식물들은 스트레스에서 벗어나게 된다.

▲ *에케베리아 푸리도니스*(*Echeveria pulidonis*)의 겨울(왼쪽)과 여름(오른쪽)의 색깔과 생육변화

이 매뉴얼은 여러분이 재배하고 있는 다육식물을 어떻게 얼마만큼이나 색깔을 발색시키고 조절할 수 있는 지 도움을 줄 것이다. 창문이나 현관(porch), 정원에 심겨진 다육식물을 일년내내 여러분이 원하는 형태와 색깔을 나타내게 기후환경을 조절하려면 돈과 시간이 필요할 것이다. 개인적으로 저자는 적지 않은 돈과 시간을 그렇게 투자하는 것에 동의하지 않는다. 실제로 저자는 수년간 그렇게 투자한 경험이 있기 때문이다. 반면에 저자는 가볍게 재배해도 대부분의 인기가 있는 다육식물은 저온과 건조가 충족되지 않아도 충분히 그 아름다움을 유지한다. 어떤 이들은 세심한 주의를 요하는(finicky) 며칠간 계속되는 흐린 날씨 때문에 더 다육식물을 사랑하게 만든다고도 한다.

1) 분가루(Farina)

많은 다육식물은 자연적으로 그들을 보호하는 코팅물질인 분가루(farina)를 가지고 있다. 이 외부 큐티큘라층(epicuticular)의 지방질 가루(waxy powder)는 방수기능(water repellant)과 UV에 대한 차광(sunblock)을 하여 식물체를 보호한다. 마찬가지로 이렇게 분가루로 옷을 입힘으로써 황홀한 아름다움을 만들고 이 가루로 된 투명 옷이 흰색의 윤기나 광택을 없애고 흥미가 없는 잎의 색깔을 천상의 색(ethereal hues)으로 변화하게 하여 지구상에서 보기 드문 새로운 칼라의 세계를 연출하게 한다. 이 분가루의 뜻을 가진 용어로는 흰 가루로 덮인(farinose), 서리가 내린 것 같은(pruinose), 그리고 연한 황록색의 흰 가루(glaucous)가 있는데 모두 다 우윳빛 흰색 층을 나타낼 때 사용한다. 그러나 그 의미는 약간씩 다르다. 지식창고(Knowledge Bank, 180페이지 참조)의 용어(Glossary, 187페이지 참조)부분을 참조하여 공부하면 된다.

▲ 분가루로 덮인 *세네시오 만드랄리카* '블루 초크스틱'(*Senecio mandraliscae* 'Blue Chalksticks')의 분가루가 좀 벗겨져 얼룩진 모습

이런 다육식물의 분이 벗겨지면 곰팡이가 생기거나 나머지는 보기가 좋지 않게 된다. 그러면 이들을 닦아내는 것이 좋다. 일반적으로 운반 중에 부딪치거나 쏟아지는 사고가 나면 분가루에 얼룩이 생기기 쉽다. 이런 얼룩이 발생한 경우 새잎으로 교체되도록 하는데 둥근 기둥선인장은 이렇게 교체하기가 용이하지 않다. 망가진 이런 것들은 미학적으로 회복하려면 10년 정도는 잘 관리하여야 한다. 그러므로 분가루를 가지고 있는 식물은 여러분이 다육식물을 다룰 때 뿌리를 이용해 옮기거나 관리한다. 그렇지 않으면 작은 새를 들듯이 두 손으로 컵 모양과 같이 관상의 잎이 손상되지 않도록 관리하고 처리한다. 여러분은 다른 분들이 이 식물의 분가루를 손상시키지 않도록 받쳐들면서 경고문을 부착해야 해야 할지도 모른다. 몇몇 솜털로 덮인(fuzzy) 칼랑코에(Kalanchoes)나 울퉁불퉁한(bumpy) 가스테리아(Gasteria)에 대한 설명도 필요하고 애완동물(pet) 대신에 이들 다육식물을 환영하고 대체해야 하는 이유를 알수 있다.

2) 칼라 코드(Color Codes)

다육식물의 색은 이들이 잘 자라게 하기 위한 필요조건을 잘 말해준다. 식물이 더 녹색이 짙어지면 더 엽록소가 많이 포함되어 있다. 이렇게 되면 더 연하고 무늬가 있으며 파스텔톤의 식물보다 광합성을 많이 하게 되고 더 활기 있게(gusto) 자란다. 기상이 장기간 흐린 날이 지속되면 다육식물의 녹색 잎은 빨리 자라지 못하게 된다.

초보자가 재배하기 가장 쉬운 품종은 최상의 관상 가치를 유지하는 것으로 짙은 녹색이면서 로제트형이 아닌(non-rosette) 경우이다. 이런 범주(category)에 속하는 다육식물은 여러분의 집이나 사무실의 주변이나 내부의 반 그늘(part-sun)인 장소를 채우는데 이상적이다.

여기에는 수천가지의 정말 놀라운 다육식물(greens)이 있고 이들이 저자는 구입안내서(Buying Guide)에 소개(161페이지)하고 있다. 여기에는 산세베리아(Sansevierias), 하워디아(Haworthias), 칼랑코에(Kalanchoes), 유포르비아(Euphorbias), 알로에(Aloes), 그리고 물론 선인장(cacti) 들이 있다. 이들의 모두는 꽃이 피고 끝없이 변신하면서 다양한 모양과 자태를 보여준다. 다시 말하면 여러분은 이제 많은 다육식물 화분를 필요로 하게 될 것이다.

2. 광(Light)

다육식물은 거짓말을 하지 않는다. 이는 많은 사진들을 보면 이해가 된다. 많은 새로운 다육식물들은 저자에게는 자랑이고 생각을 많이 하게 만든다. 아! 이 다육이 죽게 되었구나. 그럼에도 불구하고 야간의 긴급한 처리로 살려내겠다는 것을 알려주기도 하고 말이다. 재배과정 중 건강하게 다육식물을 유지하고 형태를 잡는 일 중에서 가장 일반적으로 발생하는 문제점은 부족한 광과 지나친 물주기로(overwatering) 손을 쓸 수 없을 때이다. 우리는 이번 장에서 광에 대한 내용을 공부하게 될 것이다.

▲ 흐린 날이 며칠간 지속된 이후에 빛을 향해 반응을 보이기 시작한 *그랍토페탈룸 파라구아이엔세(Graptopetalum paraguayense)*

많은 식물들은 빛을 향해 반응을 보이는 굴광성(heliotropic)을 보이는데 이는 태양을 향해 굽어지거나 잎을 향하는(facing) 반응으로 나타난다. 광이 부족하면 다육식물들은 태양을 향해 뻗어가므로 초장이 커지거나 더 길어지면서 줄기가 약해진다. 이것을 우리는 황백화현상(黃白化現象, etiolation)이라고 한다. 가장 확실한 광부족에 대한 예는 로제트형 품종에서 수 있다. 로제트에서 황백화현상의 첫 번째 사인(sign)은 잎들의 위쪽이 빛을 향해 굽는 현상이다. 로제트는 빈공간이

▲ *에케베리아* '로라' (*Echeveria* 'Lola')의 모습

없이 빽빽하게 잎이 층을 이루어 형성되는 것을 의미한다. 광이 불충분하면 줄기가 잎보다 빨리 자라 잎이 서로 간에 공간을 형성하게 된다. 즉 잎이 서로 간에 성글게 거리가 멀어지게 되면 이제는 로제트가 아닌 것이다. 빛이 충분할 때라도 때때로 장미모양의 잎을 가진 다육식물(로제트)의 간격을 유지해야 할 때가 있다. 저자는 아름다운 *에케베리아* '로라' (*Echeveria* 'Lola')를 재배하고 있는데 이 품종을 샘플로 활용한다. 이 다육식물을 위에서나 옆에서 관찰하면 태양을 향해 약간 경사지게 자라간 것을 볼 수 있다. 저자는 이 다육식물 화분를 태양과 멀어지도록 180도 뒤집어 놓아 보았다. 저자가 몇 주 반복해서 조사해 보았더니 이 다육식물이 저자를 실망시키지 않고 환상적으로 둥근 만다라 모양(mandala-shaped)의 *에케베리아* '로라' (*Echeveria* 'Lola')의 머리부위가 그 다육식물의 가로질러 지나가고 있었다.

▲ *세데베리아* '스타버스트'(*Sedeveria* 'Starburst')가 많이 자라서 화분에 폭포수 같이 흘러내리게 심겨져 있는 모습

엄격하고 확실한 사람(stickler)이 아니면 다육식물의 컴팩트(compact)한 자람에서 이런 황백화현상을 찾아내기는 어렵다. 이런 다육식물에는 알로에(Aloes), 제이드(Jades, 역자 주: Crassula ovata, 염좌), 그리고 하워디아 (Haworthias) 등이 있다. 에케베리아(Echeverias)는 새로 자라감에 따라, 때때로 오래될수록 창백하게 연해진다. 그러나 만약 더 강한 광에 잘 생존하며 남아있으면 나머지 잎이 더 강한 빛을 필요로 한다는 사인(sign)이 된다. 그리고 만약 여러분이 정상적인 것들보다 더 넓게 퍼져있는 잎을 보면 이 다육식물들이 더 많은 광합성을 하기 위해서 아마도 더 많은 공간을 필요로 한다는 것을 알게 될 것이다. 황백화된 다육식물(etiolated succulents)은 항상 죽는 것이 아니고 이들이 잘 자라가지 않는다는 것이다. 이들 다육식물들이 광이 부족하면 광합성을 더 하려고 할 것이고 광합성산물을 만들 것인데 이는 다른 결핍증상과 같이 생육이

억제되는(succumb) 것을 의미한다. *세데베리아* '스타버스트'(*Sedeveria* 'Starburst')와 같은 몇몇 품종들에서는 자연적으로 길게 자라고 뭔가 바늘과 같은 줄기를 가지고 있다. 이런 다육식물들은 걸이식물(hanging plants)이나 화분의 옆으로 흘러내리게(spilling) 재배하는데 적합하다.

다육식물을 재배하기에 가장 좋은 것 중의 하나는 그들의 번식 능력이다. 이들은 어떤 부위에서도 곧바로 새 식물체를 만들어 낸다. 전부는 아니지만 대부분의 다육식물들이 이런 경향이 있고 우리는 이런 특성을 이용해 광이 부족하거나 정상적인 생육이 이루어지지 않은 경우 새로운 식물로 대체할 수가 있다.

여러분은 이 책의 병충해의 증상과 치료에서 황백화현상의 치료(Succulent SOS-Take Action: Etiolation Repair, 96페이지)를 공부하게 될 것이다. 그러나 지금 여러분은 황백화현상을 예방하는 것으로 적당한 빛의 양을 알아야 할 것이다.

광이 충분한지 부족한 지의 차이를 결정하는 것은 우리에게 하나의 도전이다. 특별히 1년을 지나면서 매번 이런 문제에 봉착하게 된다. 일광은 다이나믹한(dynamic) 요소가 있어서 우리의 집이나 뒤뜰에 어떻게 태양광이 비춰는지 주의하여 관찰할 필요가 있고 빛을 잘 이용하는(light-wise) 지혜가 필요하다. 이 논의에서 우리는 태양광의 수준을 이야기하는 것이 가장 기본적인 것이 된다. 일조시간(sunlight hours)은 계속적으로 되어야 하는 것은 아니다. 태양광은 오전에 3시간, 오후에 5시간 정도로 약 8시간 조사되면 된다.

1) 광의 주요 용어(Light Key)

(1) 전광(full sun)

하루에 6시간 이상의 태양광이 투과되거나 걸러지지 않고 직사광으로 비치는 경우를 말한다. 이때 온도가 동시에 높게 나타나는데 이때 많은 부드러운 다육식물들은 일사에 의한 피해(뎀병)가 나타나고 몇 시간의 직사광에 의한 고온현상으로 열해가 나타나기도 한다.

(2) 간접광(bright indirect)/여과광(filtered light)

대부분의 다육식물과 선인장에서 평균 일조시간은 적어도 6시간은 되어야 한다. 간접광(bright indirect light)과 여과광(bright filtered light)이라는 용어는 태양광(sunlight)이 태양고도나 식물체에서 잎과 가지의 상태, 차광막의 위치와 재질, 다른 식물체와의 관계 등을 고려해야 한다. 예를 들면 저자는 잔디 의자(lawn chair)를 에케베리아(Echeverias) 앞에 두어 정원에서 너무 많은 직달(direct sun)광을 제어했다. 이렇게 하므로 이들 다육식물을 재배치 하는 시간을 많이 절약했다.

(3) 부분 광(part sun)

밝은 태양광이 4~6시간 정도 조사되고 나머지는 간접광과 여과광으로 되는 경우이다.

(4) 부분 그늘(part shade)

하루에 2~4시간 간접광(bright indirect light)과 여과광(bright filtered light)이 비치는 경우이다.

(5) 그늘(shade)

하루에 4시간 이하로 여과되지 않은(unfiltered sunlight) 광이 비치는 경우이다(저자가 보기에 이렇게 적은 광에서는 다육식물이 잘 자라지 못한다.)

광에 대해 더 많은 이해를 하려고 저자는 실험적으로 서쪽면 창가에 스크린을 설치했다. 여러분이 햇빛이 잘 드는 어느 봄날 바깥의 정원을 보며 달콤한 얼음차(iced tea)를 마시는 모습을 떠올려 보라. 저멀리 왼쪽에는 아주 큰 오래된 피칸(pecan)나무가 새로운 잎을 늘어뜨리고 있고 그 가지가

▲ 여과된 밝은 광, 저자의 현관 남서쪽 코너에서 바라본 모습

정원까지 늘어져 있는 모습을 말이다. 그 아래에 더 작은 무화가 나무(fig tree)가 현관과 피칸 나무 사이에 자라고 있으며 이들의 잎이 빨리 자라고 있는 모습 말이다. 점심 식사때의 30분은 너무나 빨리 지나간다. 오른쪽 담장과 북쪽과 동쪽의 가림막(back face)가 있어 늘 직달광을 막아 주는 모습이다. 동쪽의 앞 베란다에서 매일 해가 떠오르고 지붕을 지날 때는 그 강도가 점점 강해지다가 우리가 앉아 있는 곳 주위에 이른다.

저자의 왼쪽이자 남쪽에는 큰 어치(blue jays)와 짹짹거리는 다람쥐(squirrels)가 오후 1시경 나뭇가지 사이로 내려쬐는 햇빛을 받으며 조잘 거리고 있다. 이런 밝은 간접광이 초봄의 나무에서 새싹이 나게 하고 태양빛은 점점 더 밝게 빛날 것이다. 정오쯤에는 태양이 저자의 집 위를 지나갈 것이지만 지붕이 가려 주어서 직사광선은 우리를 피해가고 밝은 간접광(bright indirect light)이 알맞게 우리의 다육식물을 비춰줄 것이다. 하늘은 태양빛을 반사하지만(reflecting) 아직도 태양은 우리의 머리 위 지붕에 있어서 잘 보이지 않는다. 오후 2시가 넘어서면 이제 태양이 다시 우리의 시야에 들어오고 피칸(pecan leaves)잎은 부분적으로 태양빛을 걸러준다. 현관의 북쪽 끝에 있는 다육식물은 2시간 정도는 태양이 질 때까지 약한 직달광을 받게 될 것이다. 더운 날에는 커텐패널을 쳐주어 이들은 약간 그늘지게 보호해 준다.

늦봄까지는 무화과와 피칸나무가 그들의 잎 그늘을 늘려가지만 태양의 고도가 높아짐에 따라 더 광이 강해지고 낮 시간(일조시간)은 더 길어진다. 이런 패턴은 계절이 바뀌어 낙엽이 지고 태양고도가 다시 낮아지면 반복된다.

그러므로 여러분의 다육식물은 최적의 광조건을 충족시키려면 1년에도 몇 번 자리를 이동시켜야 할지 모른다. 저자는 다른 많은 파트너와 춤을 추는 것에 비유할 수 있겠다고 생각했다.

반복하여(reiterate) 걸러지거나 간접광이 태양과 여러분의 다육식물 사이에 일어나는 것이 무엇인지 참조해 보아야 한다. 높은 온도에서는 차광이나 필터를 통해 직달광으로부터 여러분의 다육식물을 보호하는 것이 중요하다.

경험이 많은 어떤 선인장 재배자는 어느날 선인장을 판매하는 큰 참나무 밑에서 말하기를 '당신이 큰 나무 밑에서는 푸른 하늘도 볼 수 있고 강한 태양광으로부터 다육식물도 보호할 수 있을 것이다' 라고 설명해 주었다. 그 나무 아래에서 걸어나와 있으면 짧은 시간에도 여러분은 햇볕에 탈지도 모른다. 특히 무더운 날에는 마찬가지로 다육식물도 쉽게 태양빛에 손상이 될 수 있다.

여러분이 새로운 다육식물을 구입해 집으로 가져오면 밝은 간접광에 두라. 특별히 박스로 배달되었다면 바로 과도한 태양광에 노출시키지 않도록 주의해야 한다. 며칠 동안 부분 광에서 다육식물을 순화시켜 가며 광도를 단계적으로 올린다. 그런 후에 집의 최종 장소로 이동시켜 배치한다. 이러한 제반사항은 병충해의 증상과 치료(SOS): 94페이지, 광도 증가시키기를 참조하면 된다.

그리고 품종 라벨을 보면 강한 빛에 두어야 하는지, 약한 광도에 두어야 하는지 자세히 설명이 되어 있을 것이다. 이 라벨이 너무 흐릿하거나 애매하지 않도록 작성하는 것도 중요하다. 이 라벨에 광을 비롯한 몇 가지 재배요점이 기록되어 있다.

아침 햇살은 여전히 밝고 부드럽다. 그러나 오후의 햇볕은 따갑고 강해서 더운 날, 서쪽 방향 정원에서는 다육식물을 손상시킬 수가 있다. 그래서 많은 관습적인 경험을 가진 재배자들은 나무그늘이나 차광용 천을 치기도 한다. 서향의 창문에 내리는 커텐(sheer curtain)을 치거나 보호물을 가설하여 햇볕에 타서(sunburn) 흉터가 생기거나 볕데임(데치는) 문제를 막기 위한 조처가 필요하다. 가로막는 것이 없는(unobstructed) 남향 정원 베드나 창가에서는 하루 종일 빛이 비춰도 별 문제가 없다. 구름이 낀 날은 부분적인 광으로서도 타는 문제가 없고 충분하다.

여러분은 저자가 만든 영상물을 시청해보면 더 자세히 광에 대한 공부를 할 수 있고 자세한 내용을 알게 될 것이다.

2) 재배용 보광등(Grow Lights)

많은 재배자들은 사연광이 부속할 때가 많다고 말한다. 햇빛이 부족한 지역(Regional Tips: Lack of Sunlight)에 대한 내용 참조(107페이지)하여 관리한다. 그런 경우에 여러분은 다육식물을 집안에 두고 보광을 하면서 유지시키고 광이 부족한 바깥에 두지 않도록 한다.

계절적으로 1년 내내 항상 그늘이 지는 최악의 지역이 있다. 반면에 광이 좋은 지역에서 보호용 비가림막만 하는 경우도 더운 계절에는 문제가 없으나 겨울에서 늦봄까지는 광이 부족할 수가 있다.

저자는 쉽게 재배하려고 장기간 연속적으로 구름이 낀 날 재배를 해보니 다육식물의 형태가 많이 흐트러졌다. 또 종자를 파종해서 재배하는 데도 인공광의 도움 없이는 충분한 광도를 보장받을 수가 없다는 것을 깨달았다. 처음에는 저자가 그의 주차장과 창고에서 시작했으나 여름에 너무 더웠다. 그래서 온도를 낮추려고 팬을 여러 개 설치하였고 많은 시행착오를 겪었다. 그래서 저자는 다육식물을 그의 집안에 두지 않고 차를 주차하는 현관에 덮개를 하고 재배하였다.

저자는 1.2×0.6m 가설물에 6개의 형광등을 달고 스탠드 위쪽에 1.8m 접히는 테이블을 설치했다. 저자는 합판(plywood)으로 스탠드를 만들고 클립으로 조정해서 라이트를 달았다. 라이트(lights)의 가격은 약 14만원($120), 테이블은 5만원($40) 정도 들었다. 그리고 나무로 된 스탠드는 1만원 정도($10) 밖에 들지 않았다. 그러나 보기가 좋은 스탠드는 약 4만원 정도($30) 정도는 한다. 그래서 최소한 20만원($200) 정도는 소요된다. 여러분은 믿을만한 광원과 편리한 스위치를 가진 장치를 만들 수 있다. 사실 여러분은 큰 비용을 지출하지 않고도 다육식물을 위해 앞으로 몇 년간 들어갈 비용을 계산해 보라. 그러면 아마도 다육식물의 구입비용보다는 저렴하다는

▲ 재배용 보광등을 낮게 설치한 모습

것을 알게 될 것이다. 무엇보다도 여러분은 일년내내 여러분의 정원에서 전천후로 즐길 수가 있다.

지금 바로 저자는 약 70개의 다양한 다육식물을 인공광과 환풍기 아래에서 재배할 수 있게 되었다. 이제는 초여름의 태양빛이 강하고 정말 덥고 습도가 높아도 이들 다육식물들의 형태를 망가뜨리지 않고 저자의 현관에서 잘 자라고 있다. 비가 오고 바람과 천둥이 칠 때도 시설물로 잘 보호된 저자의 다육식물은 쓰러지거나 몇시간 연속되는 태양 빛에도 데이지 않아 걱정이 없다.

재배용 보광등(grow lights)는 햇볕에 타는 걱정도 없고 적정한 광도를 줌으로 저자가 애호하는 다육식물을 최적의 생태로 유지시켜 준다. 저자는 재배용 보광등이 외기 온도가 낮아질 때는 보온효과도 있다고 말한다.

3) 식물체와 보광등 사이의 거리(Light Distance from Plants)

일반적으로 말하기를 다육식물과 보광등의 거리는 15cm 정도가 알맞다고 한다. 저자도 처음에는 그렇게 해보았으나 별로 만족스럽지 못했다. 어떤 다육식물은 자람을 멈추었고 어떤 것들은 타기도(scorched) 했다. 또한 저자의 다육식물은 키가 다양한데 관리에 어려움이 많았다. 그래서 모든 다육식물을 일정한 높이의 수준으로 유지하는 것은 바람직하지 않아 보여서 형광등의 광원을 30cm로 높이고 키가 작은 다육식물은 15~18cm로 유지하였다. 그랬더니 모든 다육식물이 잘 자랐다.

4) 빛의 색(Light Colors)

가시광선의 모든 파장을 같은 비율로 합치면 백색이 된다. 형광등(fluorescent tubes)은 실제적으로 자외선(ultraviolet light)을 발산한다. 그러나 내부에 적당히 코팅을 하므로 빛이 백색으로 보인다. 대부분의 LED등은 청색 다이오드(blue diodes)로 코팅되어 있고 황색의 형광체(phosphor)에서 빛을 생산하므로 백색으로 보인다. 여러분은 재배용 보광등(grow lights)이 분홍색이나 자색으로 보이는 것을 본적이 있을 것이다. 이 LED들은 적색이나 청색 다이오드(diodes)로 혼합색으로 배치한다.

▲ 가시광선의 칼라 스펙트럼

각각의 칼라는 식물체에서 다른 반응을 나타내게 한다. 적색광은 영양생장을 돕고 청색광은 개화를 돕는다. 녹색과 황색은 쉽게 흡수되지 않지만 식물체의 전반적인 생장에 관여한다. 만약 여러분이 실내에서 다양한 색깔의 광원에 장시간 노출되어 있으면 여러분은 때때로 불쾌하게 느낄지 모른다.

개인적으로 이런 단색의 광원들은 우리 눈을 긴장시키는데 모든 것을 단색이나 초현실적으로 만들 수도 있다. 보다 더 자연색이고 모든 파장의 색의 다 가지고 있어서 식물을 잘 자라게 하는 백색의 형광등을 저자도 가장 좋아한다. 더 나아가 흐린 날이 계속될 때 이 백색광은 저자의 기분을 좋게 해 준다. 이러한 기본적 사실들은 여러분을 재배용 보광등을 사용하게 도울 것이고 이들이 어떻게 작물의 생장에 관여하는지 명쾌하고 복합적인 정보가 필요할 것이다. 만약 여러분이 다육식물에 관심과 흥미가 있으면 추가적인 연구를 해볼만한 충분한 가치가 있다.

5) 아름다움은 우리의 눈으로부터(Beauty is in the eye…)

명백한 사실은 빛이 있기 때문에 여러분은 다육식물이 하는 말을 들을 수가 있다는 사실이 중요하다. 그러나 우리가 재배해보지 않은 특별한 품종이 말하는 것을 어떻게 알고 대처할 것인가가 문제이다. 따라서 인터넷 사진을 찾아보고 그들의 계절에 따른 이상적인 재배법을 따라서 해보고 같은 결과가 나오는지 검정해 보아야 한다. 이름을 분류하고 알아내기 위해서는 분류코너를 참조해 보아야 한다(분류법 참조). 때때로 기후가 다르면 이 분류는 어렵고 구분하기가 불가능할 수도 있다. 그러나 우리는 여전히 일차적으로 복사하고 흉내를 내면서 세밀하게 배워가야 한다.

미국 텍사스에서 재배한 에케베리아(Echeveria)는 캘리포니아에서 재배한 같은 다육식물보다 약간 더 키가 클 것이고 아니면 색깔이 다를 수도 있다. 그러나 만약에 그 다육식물이 건강하고 그들의 필요를 최선을 다해 채워주었다면 그 자체로 아름답고 매우 즐거운(delightful) 일이 될 것이다. 왜냐하면 그 다육식물은 이미 여러분이 사랑하고 있으므로 여러분의 다육식물도 여러분에게 행복과 사랑을 되돌려 줄 것이라는 것을 여러분도 알게 될 것이기 때문이다.

3. 수분공급(Watering)

다육식물에게 물을 주는 결정을 하는 데는 몇 가지 요인이 있다. 그러나 더 중요한 것은 물을 주지 않는 것이다. 모든 식물과 모든 정원사들에게서 정밀하게 물을 자주 정확하게 주는 것은 불가능한 일이다. 일반적으로 적용되는 가이드라인은 주변에 토양이 말라있는 정도이다. 그러나 다육식물에게는 이것은 거의 상시적인 상황이라 판단하기가 어렵다. 토양에서 물을 주는 시간 간격은 식물에서는 생사를 가르는 결정적인 요소가 된다. 만약 일주일이 지나도 여러분이 재배하는 다육식물의 뿌리부분 토양이 건조되지 않는다면 뿌리가 썩는 위험이 있을 수 있고 지나치게 많은 수분의 흡수로 인해 잎이 찢어지는 현상이 생길 수도 있다.

물을 줄 때 화분에 물이 넘치도록 줄 필요는 없다. 그렇게 하면 물은 토양을 통과하여 배수구로 빠져나가도록 한다. 특별히 여러분이 습한 기후대에 살고 있으면 더욱 그러하다. 다육식물은 그들

▲ 다육식물의 잎에 비가 내린 사진으로 다육식물에 물을 줄 때는 강한 일사를 피해서 주는 것이 좋다.

주변의 수분을 빨대같이 빨아들이지 않고 오히려 그들 주변의 공기 중에서 흡수하기도 한다. 만약에 토양이 장기간 너무 습하면 이 다육식물들은 질식할 것(suffocate)이다. 용기 안의 화분 토양혼합물, 온습도와 광도 등의 기후조건에 따라 건조기간(drying time)을 달리 설정한다. 화분에 배수가 잘 되는 토양을 선택하고 배수 구멍을 크게 하고 일기예보를 주시하면서 대응하면 가장 많이 다육식물이 죽은 원인 즉, 과도한 수분공급을 피할 수 있다.

다음 내용은 여러분의 다육식물에게 물을 주기 전에 고려해야 할 사항을 나열한 것이다.

① 여러분은 다육식물에게 최근에 물을 준 날짜를 기억하고 있는가?

그러면 물을 주지 말라. 비록 친절한 농담같지만 여러분이 이를 기억하고 있다면 너무 용의주도하거나 아니면 식물에 너무 물을 자주 주어 죽게 만들기 십상이기 때문이다.

② 뿌리 주변의 토양은 여전히 습기를 많이 가지고 있는가?

그래도 물을 주지 말라. 여러분의 손가락이나 작은 나무막대로 주의 깊게 점검해 보라. 이쑤시개로 케이크를 쿡 찌르는 것처럼 하여 막대에 습한 토양이 묻으면 다시 며칠을 기다려서 체크해 보라.

▲ *칼랑코에 루시아* '플랩잭'(*Kalanchoe luciae* 'Flapjack')의 잎에 물이 고여 있는 모습.
물(관수)을 준 이후나 비가 온 후에 가능한 한 잎에 물을 건조시켜야 한다.

대부분의 다육식물은 외기 온도가 너무 높지 않다면 적어도 1주일은 물 없이도 잘 지낼 것이다. 토양이 건조한 상태로 3일 이상 지내면 여러분의 다육식물 화분는 곰팡이와 같은 병이나 해충의 침입으로부터 자유롭게 될 것이다.

③ 일기예보에서 흐리거나 비가 오거나 습하다고 하면 물을 주어야(토양을 건조하게 유지하는 계획을 체크) 하지 않은가?

그러면 물을 주지 말라. 하늘이 다시 청명해질 때까지 기다려라. 이것은 광도가 낮은 이유로 생기는 황백화현상(etiolation)을 줄여주거나 지연시킬 것이다.

④ 청명하게 맑은 날씨가 계속되면 사랑스러운 여러분의 다육식물에게 물을 주고 싶은 충동을 느끼지 않은가?

미안하지만 그때도 역시 물을 주지 말라. 작은 물방울이 잎과 줄기에 남아 있으면 햇빛과 열에

확대되어 약하게 무늬를 남기며 타게 된다. 일소(sunburn) 현상을 피하려면 해가 질 때까지 기다려라.

⑤ 여러분은 번식을 위해 이제 막 삽목을 하거나 잎을 비틀어 떼어내지 않았는가?

그때도 물을 주지 말라. 파괴되거나 잘라진 끝이 치유되고 건조되도록 기다린 후에 물을 주라. 그렇지 않으면 물이 이들 세포로 들어가 부패를 유발할 것이다.

⑥ 여러분은 지금 바로 분갈이를 하였는가?

그러면 물을 주지 말라. 부러진 뿌리를 피해갈 수 없기에 위에서 말한 이유로 물이 식물체 안으로 들어가 뿌리를 부패시키게 된다. 이때도 다육식물들은 저온(chill)에 화분 채로 두라. 그러면 물을 주기 2~3일 전에 치료가 될 것이다. 분갈이(repot)를 할 때에는 흙을 건조하게 두는 것이 최선이다. 선인장은 새로운 환경에 의해 더 쉽게 충격을 받을 것이므로 2주 정도는 단념하고 기다리는 것이 좋을 것이다.

물과 관련된 대부분의 문제는 치료할 수 있다. 이런 것들은 병충해의 증상과 치료(Succulent SOS)에 잘 설명(79페이지)되어 있다.

저자가 추론하기에 여러분은 다육식물에 물을 주어야만 하는 때를 알고 싶어 할 것이다. 여러분의 토양이 충분히 빨리 건조되면 그 식물은 휴면(dormancy)에 들어가게 되는데 이때는 너무 지나치게 물을 주지 않은 것이다. 여러분은 약 1주일에 한번 정도 물을 주면 될 것이다. 이것은 기본적인 것으로 대부분의 다육식물에 적용하는 가이드라인이 된다. 선인장(Cacti)과 리돕스(Lithops) 같은 경우 특별히 눈이(snowflakes) 올 때는 다른 규칙을 각각에 적용하여야 한다. 우리는 139페이지 제6장에서 주요 다육식물 속별 특성(Genus Tips)에서 공부하게 될 것이다.

마지막으로 물을 준 후에는 다육식물을 관찰하라. 그리고 완전히 물을 흡수하는 것을 보고 느껴라. 그런 후에 며칠 동안 관찰하면서 이 다육식물들이 물을 잘 흡수할 준비가 되어있는지 살펴보라. 보통 1주일이면 흙이 마르고 더 경과하면 다시 수분부족 증상이 나타난다. 여러분은 며칠 동안 건조시켜왔던 다육식물의 사진을 찍어 최근에 물을 준 것과 비교하면 알 수 있다. 다육식물을 함께 비교하여 보는 것은 정말 여러분에게 도움이 될 것이다. 어떤 사람들은 물을 준 후의 무게와 그 전의 무게를 비교하기까지 한다.

4. 토양과 비료(Soil and Fertilizer)

1) 토양의 영양성분

다육식물에서 흙은 어떤 의미인가? 원예자재점이나 관련 가게를 들리면 다육식물과 선인장 화분용 혼합토양을 잔디용과 같이 비닐 포장으로 하여 판매한다. 건조한 기후대에서 여러분은 어떤 변형이나 가공이 없이도 이 용토를 구입할 수 있다. 그러나 많은 정원사들은 그들의 다육식물이 지나치게 갈색으로 변한 것을 발견하는데 이것은 너무나 많은 유기물이 있고 대신 모래성분이나 배수가 잘되는 성분이 부족하다는 것을 의미한다. 게다가 이런 판매용 토양은 소포장으로 특별히 제작해야 하므로 가격이 비싸다. 그리고 가격표는 몇몇 화분 용기에서만 필요할뿐 터무니없이 비싸고 잘 맞지도 않는다. 저자가 계산해보니 이 기성품 혼합토양(premixes)은 일반적인 정원토양보다 약 7배나 비싼 것으로 나타났다. 마지막으로 많은 기성품 토양은 다육식물과 선인장에 적합지 않아서 적절한 비료를 넣어 보완해야 한다. 적절치 않은 시기에 잘못 영양을 공급하면 잎의 생장에서 불균형(disproportionate)을 야기하고 줄기를 약하게 하며 띄엄띄엄 걸어도 황소걸음(slow-but-steady)처럼 천천히 그리고 정확히 재배하는 것이 중요하다. 우리는 곧바로 여러분의 다육식물의

◀ *에키노세레우스 스트라미네우스* (*Echinocereus stramineus*)의 자생지 생육모습, 미국 텍사스 빅벤드(Big Bend) 국립공원의 암반토양이다.

◀ 배수가 잘 되는 물질을 넣어 교정해야 하는 갈색의 유기물 토양의 모습

영양공급에 대해 이야기 할 것이다. 그러나 먼저 빨리 배수가 잘 되는 토양(fast draining soil)을 많이 넣는 일이 제일 중요하다.

선인장과 다육식물이 최적의 생장을 도모하려면 원산지 조건 즉 자연 자생지(habitats)의 토양 조건을 눈여겨 봐야 한다. 그들은 극한 열기와 장기간의 건조에도 잘 생존해 왔다. 만약 이 선인장들의 뿌리가 부착성(clinging)이 없으면 절벽면에서 생존할 수 없었을 것이다. 이 다육식물들은 나무 밑 그늘, 또 다른 식물체 아래, 다른 식물체 뒷부분이나 오래된 바위아래 단단하게 쇄기(wedged)를 박을 곳을 찾았을 것이다. 이들이 자라는 환경은 단단하고 암석질이며 전형적으로 건조한 지역이다. 영양분은 강우나 바위(rock) 성분, 흘러내리는 물과 광합성에 의존한다.

지금 정원용 토양의 포대를 보면서 생각해 보기 바란다. 정원용 토양은 비옥하고 짙은 갈색이며 원래 습기를 잘 머금고 있는 비료성분이 간간이 섞인(sprinkled) 것으로 위에서 기술한 다육식물용 토양 조건과는 정확히 정반대의 조건을 가진 다육식물용 토양이다. 토양 내용물을 더 조정하기 위해서는 가장 기본적인 흙인 표토(topsoil)로 시작하는 것이 좋다. 표토는 가격이 저렴할 뿐만 아니라 토마토나 고추용으로 수분보유력을 높일 이유가 없기 때문이고 또 시간이 지남에 따라 영양성분이 녹아나오므로 보정도 필요하지 않다.

이때는 차라리 구멍을 메우고 토양을 많이 채우는 것이 좋다. 이런 것을 준비하는 과정에는 큰 수피(bark) 조각은 제거하고 흙의 큰 덩이(chunks)도 부수어야 할지 모른다. 그러나 다육식물용으로 잘 준비한 토양은 20kg 한 포대가 미국에서는 2,000~3,000원 정도이니 이렇게 토양을 빻고 부스러기를 걸러내는 비용에 비하면 경제적이다.

(1) 펄라이트(Perlite)

앞에서 우리는 다육식물용 토양이 배수가 잘되는 물질을 포함하고 있어야 한다는 사실을 알아보았다. 펄라이트는 우리가 가장 쉽게 접하는 인공토양으로 다육식물 재배를 시작하기에 좋다. 그러나 여러분은 강한 의지를 갖고 멀리 떨어진 원예자재점이나 농자재점에서 알맞은 종류의 펄라이트를 구입해야 한다. 펄라이트는 흰색의 가볍고 거품같은 물질(fluffy stuff)로 화분용 토양으로 적합하다. 비슷한 것으로 퍼미스(pumice)가 있는데 화성암(igneous rock)을 고온에서 팽창시켜(puffs) 만든 것이다.

◀ 경량이며 쉽게 부스러지는 펄라이트(Perlite)

(2) 퍼미스(Pumice)

퍼미스는 화성암으로 제조하였고 무겁고 딱딱하여 펄라이트처럼 여러분의 화분에서 물을 줄때 위에 떠다니지 않는다. 비록 일반화 되지 않아 지역적 제한으로 구하기는 어렵지만 여러분은 온라인으로 주문을 하면 된다. 이 퍼미스는 상당히 문제가 있는 것처럼 보이지만 저자가 보기에는

◀ 단단하고 영양 성분이 풍부하며 대단한 탑드레싱(top dressing)에 사용하는 퍼미스(Pumice)

아주 좋은 다육식물 토양으로 추천한다. 저자는 몇 가지 이유로 펄라이트와 같이 사용하지 않는 게 좋다고 하면서도 이들의 유용성(availability) 때문에 늘 가까이 두고 사용한다고 한다. 퍼미스(Pumice)는 적어도 펄라이트보다는 외관이 아름답다. 퍼미스는 자연적 유기 암석처럼 보인다. 색깔도 흰색에서 회색이고 여러분의 손으로는 작은 가루로 만들 수 없을 정도로 단단하다.

이 퍼미스는 여러분의 다육식물이 원하는 미네랄로 가득 차있다(jam-packed). 이 책을 쓰면서 저자는 좋은 퍼미스 7kg을 운송료 포함 3만원에 구입하였다. 펄라이트 큰 포대는 저자는 2만원에 구입한다. 퍼미스와 펄라이트는 둘다 저자에게는 소중한 토양들이나 퍼미스가 화분용 표토로 더 적합하다고 저자는 추천한다. 탑드레싱(top dressing)은 비료를 위에서 뿌려주는 용어이었으나 여기서는 화분의 노출된 토양을 덮어주는 멀칭의 개념이다. 이것은 표토에 떨어지는 빗물이 흙을 치면 하위엽에 튀어 올라 더럽혀지고 병을 옮기는 것을 막아준다. 그리고 잘 정리를 하면 여러분을 전문가적으로 보이게 하고 다육식물 화분을 미려하게 보이게 하는 효과도 있다.

(3) 터페이스(Turface)

터페이스는 다공성 세라믹 토양 컨디셔너(porous ceramic soil conditioner)로 터페이스는 브랜드 이름이나 일반명으로 사용한다. 이 잘게 부순 점토성 가공품은 여러분이 앞으로 많이

▲ 다공성 세라믹 토양 컨디셔너로 브랜드 이름이 터페이스(Turface)인 인공 용토

사용하게 될 것이다. 주지하다시피 붉은 색을 띠는 깨끗한 토양으로 다이아몬드 볼처럼 생겼다. 입자의 크기와 색깔에 따라 몇가지의 상품이 있고 사용할만(affordable) 하다. 저자는 20kg에 13,000원 정도 주고 원예자재점이나 비료회사에서 구매하고 있다. 저자는 큰 사이즈의 회색빛이 감도는 적색을 구매해 탑드레싱 용으로 쓰고 있는데 깜찍하고 토양의 지저분한 것을 잘 감추어 준다. 두 가지 다른 색으로 처리하면 한층 더 멋있게 보인다.

(4) 팽창혈암(Expanded shale)

팽창혈암 역시 여러분의 다육식물 토양으로 아주 좋은 배지이다. 구하기도 쉽고 가격도 터페이스 정도로 저렴하고 탑드레싱을 하면 보기도 좋다. 좀 이상하게 들릴지 모르겠지만 구입할 때 좀 냄새가 난다. 혈암은 석유와 같이 화석연료와 같은(fossiliferous) 것으로 원유냄새가 난다고 불평하는 사람들도 있다는 이야기를 들었다. 물론 저자는 그런 냄새를 이해하고 거의 못 느끼고 있다. 사실 대부분의 배지토양, 특히 표토(topsoil, 멀칭으로 사용되는 토양)는 다 냄새를 가지고 있다. 냄새는 유해하지 않으므로(non-offensive) 흙같이 느껴져야 한다. 유황이나 암모니아처럼 고약하지 않은데 이는 아마도 습기가 너무 많거나 세균과 같은 것들이 있을 때 일 것이고 그러면 다른 포대나 회사를 바꾸면 될 것이다.

팽창혈암(Expanded Shale)은 쉽게 구할 수 있는 좋은 토양임

저자가 터페이스(Turface), 퍼미스(Pumice), 그리고 팽창 혈암을 혼합시켜 만든 혼합용토

2) 스스로 만드는 빠른 배수토양(DIY Fast Draining Soil Recipe)

이제는 좋은 다육식물 토양 만들기를 시도해 볼만한 시점이 저자가 보기에는 약 25~30% 표토(topsoil)가 배수에 최적이다. 저자는 뚜껑이 있는 속이 깊은 큰 플라스틱 통에 흙을 섞어 넣고 더 작은 2번째 통은 작업용 버킷(working bucket)으로 사용한다. 여러분은 많은 양의 흙을 필요로 하지 않을지 모르므로 여러분이 필요로 하는 양의 비율에 따라 사용한다. 처음에는 표토 몇 삽을 떠서 사용하고 펄라이트도 같은 양을 사용한다. 통을 기울어서 내용물을 휘저어 준다. 그리고 배수가 잘 되는 배지토양을 몇 삽 넣고 혼합해준다. 혼합용토가 든 통은 상당히 무거울 것이다. 그러므로 더 작은 버킷에 적당량을 옮기고 여러분의 배수용 토양을 몇 줌 더 넣어준다. 이렇게 스스로 만들면 때때로 여러분의 다육식물에게 해로울 수도 있는 토양배지를 돈을 주고 사는 것보다 가격도 싸고 효율적일 것이다. 특히 세심한 주의를 요하는 선인장과 리돕스(Lithops) 다육식물인 경우, 특별히 습기가 많은 지역에서는 여러분은 갈색의 토양(비료분이 많고 배수가 나쁜)을 줄일 필요가 있다.

3) 피해야 할 재료들(Materials to Avoid)

모래는 너무 쉽게 다져지고 빨리 배수가 되지 않으므로 권장하지 않는다. 이 모래는 해변가, 운동장, 토양 정지(ground leveling), 그리고 수족관(aquariums)의 모래를 포함한다. 파쇄시킨 자갈(crushed gravel)과 조약돌도 권장하지 않는데 이는 다공성(porous)이 적고 토양에 과다한 물을 흡착할 수 없기 때문이다. 표토로 이용하는 것이 가장 좋은데 장기적으로 식물에 해로울 수도 있는 펄라이트보다 구입가격도 싸다. 입자가 너무 작거나 너무 습하지 않도록 하는 것이 아주 중요한데 다육식물을 위해서는 수분을 빨리 증발시키는 것이 중요하다.

4) 탑드레싱(Top Dressings)

수족관의 자갈이나 강의 조약돌과 같은 비다공성 돌(non-porous rocks)을 사용하지 않는 것이 좋은데 이들은 화분 내에 수분을 가지고 있어서 뿌리를 썩게 만든다. 표면층(표토) 위에 드문드문 자갈을 흩뿌리듯 놓아주는 것은 좋으나 너무 빽빽하게 두지는 않아야 한다. 저자는 퍼미스(Pumice), 혈암(shale), 그리고 터페이스(Turface), 혹은 이들의 혼합된 배지를 좋아한다.

첨언하면 저자는 좀 더 큰 돌을 사용하여 작업하기를 즐긴다. 많은 사람들이 예쁜 조개껍질이나 수정(quartz crystals) 그리고 그들을 주머니에 넣어서 사용하기도 한다. 자 이제 여러분은 아름다운 다육식물은 물론이고 작은 액세서리 보석을 가지고 꾸미는 것도 이해가 될 것이다.

5) 비료(Fertilizer)

다육식물은 야외에서 비를 맞히며 영양공급 없이 두는 것도 좋을 것이나 여전히 생육시기에는 영양을 공급하는 것이 필요할 것이다. 다른 한편에서는 여러분이 비료를 주지 않더라도 화분 토양에 이미 너무 많은 질소와 영양분이 포함되어 있어서 다육식물에 해로울 수도 있다.

여러분의 다육식물에 비료를 주는 것은 간단하다. 표준 균형시비를 하고 그 비율을 가감하여 희석해서 사용하면 된다. 저자가 제안하기로는 선인장과 다육식물용으로 특별 제조된 액비를 사서 일반적인 표준용량보다 좀 적은 양을 주면 된다. 여러분은 대부분의 다육식물에게 물을 줄때마다 영양분을 소량씩 공급하면 된다. 영양분을 제공하는 동안 물을 표준량 주고 비료 물을 잎에 살수(splashing)하지 않도록 해야 이로 인한 반점이나 일소현상의 가능성이 줄어든다. 비료를 줄때 광이 부족하여 비정상적인 생육이 되지 않도록 흐린 날이 장기간 지속되거나 그럴 가능성이 있는 기간은 피하는 것이 좋다. 겨울이나 초가을이 오기 이전에 영양분을 공급하는 것을 끝내야 한다.

5. 용기들(Containers)

1) 배수구(Drainage Holes)가 반드시 필요한 화분

물주기 단원에서 기술하였듯이 다육식물의 뿌리는 여러분이 재배하는 일반 식물과는 다르게 반응한다. 대신 다육식물은 숨을 쉬는(breathe) 것과 같이 주변의 공기로부터 습기를 흡수한다. 그것이 우리가 다육식물 토양을 다루기 어려운 이유이다. 배수구멍은 물을 용기 밖으로 배출할 뿐만 아니라 공기의 흐름을 도와서 콤팩트한 뿌리의 주변 환경을 좋게 만들어 준다.

저자가 알기로는 여러분이 보고 있는 근사한 유리 테라리움과 항아리를 다른 사람들이 사용할 수 있을까? 아니지만 어쨌든 좋다. 그래도 여러분이 꼭 사용해야 한다면 임시 장식용으로 사용하는 것은 좋다.

저자도 정말 아름답고 재미있다는 데에는 동의한다. 그러나 나와 동료들은 딱딱한 앞에만 구멍이 있는(pro-holer) 용기로는 배수가 잘 되지 않기에 이러한 모양의 어떤 용기도 사용하는 것을 권하지 않는다. 많은 선배 재배자들(tutorials)이 구멍이 없는 화분에 돌로 된 국자모양의 형태는 뿌리 밑에 물이 많아져 과습하게 되므로 추천하지 않는다. 정확히 말하면 그 다음에 문제가 발생한다는 것이다. 흙과 접촉점이 없이는 단지 증발로 밖에 물을 배출할 수 없는 것이다. 만약에 여러분이 극도의

▲ 배수구를 가진 토기 화분들(clay pots)

▲ 다육식물의 테라리움(terrarium) 용기는 도마뱀 해먹(lizard hammock)이면 좋다.

건조지역에 살고 있다면 그 물은 좋고 필요할 것이지만 곰팡이나 세균도 많아질 것이다. 구멍이 없는 테라리움(terrariums)과 화분는 궁극적으로 여러분의 다육식물을 질식시킬 것이다. 만약에 이들 식물이 죽지 않는다 하더라도 뿌리는 이미 썩고 있을 것이다. 그러나 여러분이 구멍이 없는 용기를 사야한다면 용토를 모세관 현상이 잘 작동하는 심지와 같은 것으로 해야 한다

그럼에도 불구하고 구멍을 더 뚫어야 한다. 강력한 드릴과 몇몇 다른 비트(bits, 공구에 끼워 쓰는 작은 부속품)들이 이 일을 완성하는데 필요하다. 여러분은 금속(metal), 플라스틱(plastic), 토기(clay), 유리(glass), 그리고 세라믹(ceramic)에도 구멍을 낼 수 있다. 저자의 친구들은 원하는 외관을 얻는데 많은 시간을 보낸다. 그러나 화분이나 자루에 무엇이 있는 지가 중요하다. 와인이 아니라 다육식물이 들어갈 곳이다. 멋있는 머그잔이로군. 아니 물론 여러분이 여기 있는 동안 저자의 드릴을 빌리는 것에 개의치 않는다. 와인 잔으로는 최적이라는 저자의 농담처럼 저자는 그 드릴로 무엇을 할 것인지를 생각해 봐야 한다는 것이다. 즉 구멍을 뚫었을 때 다육식물들의 만족감과 기분 좋음을 이해해야 한다.

▲ 화분에 배수구멍을 뚫는 일은 알맞은 공구(right tools)가 있으면 어려운 일이 아니다.

저자는 유리로 된 테라리움 용기(terrarium bowl)에 구멍을 내는 공구도 가지고 있다. 그래서 두 개의 구멍을 내고 흙과 퍼미스(Pumice)로 채웠다. 저자는 흰모래와 예쁜 크리스탈(crystals)을 흩뿌리듯 덮었다. 그런 후에 몇몇 작은 원통형 선인장들(thimble cacti)을 심었다. 저자는 몇 달 동안

자라는 것을 보지 못했지만 다육식물들이 행복하게 잘 자라는 것 같았다. 나중에는 토기화분으로 옮겨 심었다.

2) 화분의 재질(Pot Material)

여러분의 화분의 재질은 토양수분을 얼마나 잘 증발시킬 수 있느냐가 중요하다. 그렇게 하려면 유약을 칠하지 않은 토기화분(unglazed clay pots)들이 이상적이다. 그 화분들은 다공질이고 흙으로부터 수분을 빼낸다. 반면에 플라스틱이나 다공질이 아닌 용기들은 더 천천히 수분이 날아간다. 화분에 페인트를 칠할 때는 안쪽이나 바닥쪽은 남겨두어 수분의 증발이 잘 되도록 한다. 만약에 여러분이 어떤 화분에서 다육식물을 원하는 것보다 더 오래 보존하고 싶으면 추가적인 배수 문제를 고려해 보아야 한다.

3) 화분의 크기(Pot Size)

여러분은 식물보다 흙이 더 많이 들어간, 즉 과도한 흙이 들어간 화분작업(over potting)을

▲ 이 귀염둥이 다육식물들을 잘 키우고 싶으면 더 큰 화분으로 옮겨 심어야(분갈이) 한다.

피하라는 이야기를 들었을 것이다. 이것은 여러분의 다육식물이 요구하는 것보다 더 많은 흙을 사용하는 경우를 말한다. 더 큰 화분는 토양이 마르는데 더 오랜 시간이 걸리므로 여러분의 다육식물에 맞는 크기의 화분를 사용해야 한다. 이것은 다육식물과 선인장의 건강을 유지시키는데 아주 중요하다. 많은 다육식물이 심겨지면 토양이 더 빠르게 건조될 것이다. 여러분의 용기 크기는 여러분의 다육식물 크기에 영향을 미칠 수 있다. 저자는 작은 *칼랑코에 라에티비렌스*(*Kalanchoe laetivirens*) 한 무리를 고풍스런 작은 빈티지 디저트 그릇(vintage dessert bowl)에 심었다. 그리고 또 다른 것은 코르크(cork)에 드릴로 구멍을 내었다. 다른 것들은 느슨한 큰 플랜터(planter) 용기에 심었다. 결과는 여러분이 생각하는 그대로 이었다. 식물을 작은 용기에 계속두면 잘 자라지 않고 작게 남아있게 된다. 반면에 크기가 같은 비슷한 번식체들은 저자의 무릎에 닿을 정도로 자랐고 지금도 여전히 잘 자라고 있다.

6. 생장과 휴면(Growth and Dormancy)

먼저 다육식물은 천천히 자라는 식물이다. 아니 어떤 다육식물은 아주 느리게 자란다. 만약에 여러분이 열대식물이나 다른 식물을 재배하는데 익숙하다면 한 계절(철)에 2배나 더 자라는 식물들과 비교가 될 것이다. 즉 늦고 천천히 자라는데 대한 인내심을 배울 준비를 해야 할 것이다. 같은 종을 2년이 지나서 보면 자라는 시기(달)의 차이를 느끼게 될 것이다. 이러한 잘 자라는 시간의 길이나 기간을 우리는 생장계절(growing seasons) 또는 생장기(growing period)라고 부른다. 대부분의 온대기후 지역에서는 봄과 가을이 생장기가 된다. 이 지역에서는 그때 잘 자라기 때문이다. 더 추운 기후지역에서는 여름이 되는데 이는 봄에도 아직 얼음이 남아있기 때문이다.

대부분의 식물들은 가장 추운 계절에 휴면기간을 가진다. 만약 여러분이 살고 있는 지역에 긴 저온 기간이 없으면 완전한 휴면으로 가지 않을 가능성이 있다. 겨울이 다가옴에 따라 일장이 점점 짧아지고 온도가 낮아지면 선인장은 어떤 일도 하지 않는 휴면에 들어간다. 만약에 다육식물이 충분한 일장이 아님에도 여전히 활기차게 자라고 있다면 그 다육식물들은 황백화현상(etiolated)이 생기고 말 것이다. 다행스럽게도 추위는 천천히 자연적으로 생육을 억제시킨다.

아주 무더운 달에도 다육식물은 생장이 느려지고 에너지를 보존한다. 즉, 여름휴면도 한다. 그러나 대다수는 기회적 생장(opportunistic)을 한다. 그 의미는 실내에 있든 실외에 있든 온도와 수분, 빛이 적당하면 생장을 한다는 뜻이다. 그러나 사이에 낀 시간(여름과 겨울 휴면)과 어떤 식물에게서는 그들 자신의 휴면 기간을 만들기도 한다.

예를 들면 저자는 그의 다육식물을 실외에 두는데 항상 일기예보에 관심이 많다. 왜냐하면 항상 그녀의 다육식물이 그늘이 져서 광이 부족하지 않을까 염려해서 말이다. 그래서 1주 후에 연속해서 2일 이상 날씨가 좋지 않으면 물과 영양분을 주는 시기를 조절하고 적어도 2~3일 동안 연속적으로 날씨가 맑기를 기다려 행동한다. 저자는 또한 1주일 이하로 여행을 할 때에는 다육식물이 더 잘 자라도록 처리하지는 않는다. 여러분이 그 이상 장기간 여행하게 되면 생장을 좀 멈추도록 해서 걱정할 필요가 없게 해야 한다.

〈재배관리 분석용 기상 자료 예시〉

요일(월일)	기상현상	온 도(℃)	강수확률(%)
목(7/26)	거의 대체로 맑음	38/24	0%
금(7/27)	부분적으로 구름이 낌	37/24	10%
토(7/28)	부분적으로 구름이 낌	36/24	10%
일(7/29)	오후에 천둥번개	36/25	50%
월(7/30)	오전에 천둥번개	35/25	40%
화(7/31)	산발적인 천둥번개	35/24	60%
수(8/1)	거의 대체로 맑음	35/24	20%
목(8/2)	거의 대체로 맑음	35/24	10%
금(8/3)	거의 대체로 맑음	35/24	20%

▲ 구름낀 날을 미리 보여주는 기상자료, 물을 주려면 8월 1일까지 기다려야 좋다.

1) 월동(Overwintering)

여러분은 월동(overwintering)이나 월동준비(winterizing)에 대해서 들어 보았을 것이다. 이것은 겨울에 뿌리를 살게 하면서 천천히 자라게 하는 방법이다. 만약에 서늘한 장소에 있다면 다육식물들은 많은 광을 필요로 하지 않을 것이다. 여러분의 집에서 난방을 하여 따뜻하게 하지 않는다면 말이다. 그리고 다육식물의 기초: 토양과 비료(Basic Tips: Soil and Fertilizer) 편(33페이지)에서 지적 하였듯이 한여름에는 영양공급을 멈추고 특별히 월동 중에는 과도하게 온도를 높여 여러분의 연료비를 높이지 않도록 하기 바란다. 만약 여러분이 추운지방에 산다면 여러분은 이미 다육식물을 실내로 가져와야 한다는 것을 알고 있을 것이다. 이런 상황에서 다육식물의 월동방법을 아는 것은 중요하다. 그리고 다시 봄이 와서 다육식물을 야외로 되돌릴 때까지 건실하게 유지시켜 주어야 한다. 기후와 지역별 관리 팁으로 건물의 실내(Regional Tips: Indoors) 편(119페이지)을 참조한다.

저자는 그녀의 선인장과 다육식물을 낙엽이 지도록 하고(deciduous) 부푼 줄기(caudex)만 남기게 했다. 만약 온도가 영하로 내려가지 않고 얼지 않으면 그들을 현관(porch)에 가져다 두고 약 6주에 한 번씩 가볍게 물을 준다. 만약에 온도가 2일 이상 4.5℃ 아래로 떨어지면 벽쪽에 가깝거나 스크린으로부터 멀리 떨어진 따뜻한 곳을 찾으려고 노력해야 할 것이다. 그리고 얼음이 얼 때는 저자가 가장 소중히 생각하는 장소인 실내로 밤에는 옮길 것이다. 저자의 현관에 말뚝처럼 서있는 보광등을 뒤로 둔 채 말이다. 이럴 때는 다육식물들을 얼지 않게 부직포, 담요, 타월, 스웨터 등 무엇이나 편리한 것으로 감싸준다. 이런 상태에서 빛을 비춰주는 것은 어울리지 않는 일이다.

2) 여름휴면 품종들(Summer Dormant Varieties)

여름에 휴면을 하는 다육식물들은 여전히 기회적 생장(opportunistic growers)을 하고 다른 것들은 절대적 휴면(obligate dormancy)하기도 하는데 만약에 여러분이 휴면을 하려는 다육식물을 강제적으로 생장을 유도하고 촉진시키면 죽을 수도 있다. 저자는 단지 몇 종류의 여름에 휴면하는 다육식물만을 가지고 있는데 이는 실내가 채광, 저온, 외관이 별로 좋지 않기 때문이다. 여름에 휴면하는 이런 다육식물들이 요구하는 실제적인 필요에는 잘 맞지 않는 환경이다. 그 중의 하나인 *알부카 스피랄리스(Albuca spiralis)*로 초여름이 되면 그들의 축엽인 잎을 떨어뜨린다. 그러면 저자는 화분에 다육식물 벌브(bulb)를 안쪽에 심고 밝은 창가에 두면서 실내에 둔 다육식물에게 물은 4개월에 1~2번 준다. 새로운 생장이 시작하는 때가 되면 저자는 그 다육식물을 바깥으로 내놓고 더 자주 물을 주면서 생장을 유도한다.

에오니움(Aeoniums)들도 더운 지방에서는 여름에 휴면을 한다. 이들은 잎을 떨어뜨리고 그들의 로제트를 단단하게 만든다. 저자의 오클랜드 가든(Oakland garden)에 있는 친구가 늦여름에 선물해준 이 다육식물을 뿌리내리게 하기 위해 최선을 다했는데 이는 이 에오니움이 더운 실외에서 곧 휴면에 들어가려고 했기 때문이다. 그리고 새로운 생장을 거의 할 것 같지 않아서였다.

▲ 여름휴면을 하는 *알부카 스피랄리스(Albuca spiralis)*

3) 깨워라(Wake Up)!

여러분은 겨울을 지나 봄이 오면 잠자는 다육식물이 휴면의 잠에서 깨어날 것을 기다려 왔다. 여러분은 난방과 냉방을 하면서까지도 이 다육식물을 잘 유지하였던 보상을 받을 때이다. 저자가 직접 도울 수는 없지만 다육식물이 하는 말을 느낄 수는 있다. 자랑스럽게 새로운 잎을 내고 새 생명의 여정을 시작하는 다육식물을 말이다. 정원에서 새로운 닻을 올리며 자라가는 다육식물을 보면 참고 인내하며 기다렸던 여러분의 결과물에 아주 특별하면서도 비교할 수 없는 만족감을 느낄 것이다. 꽃이 피면 여러분에게 만족감을 주는 첫 번째 사인이 된다.

7. 꽃과 종자들(Flowers and Seeds)

우리 모두에게 좋은 소식으로 다육식물은 꽃이 피는 속씨식물(angiosperms)이고 이들의 대부분은 다결실(多結實, polycarpic) 식물로 생활사에서 꽃이 여러 번에 걸쳐서 핀다. 그렇지만 다육식물에는 많은 종들(varieties)이 있고 그들의 꽃은 다른 것들에 비해 아주 매력적이지만은 않다. 그러나 다육식물을 보고 즐기는 기쁨을 줄이지는 않는다. 예를 들면 많은 하워디아(Haworthias)는 터무니없이 화경이 길지만 특별히 마침내 결국 그들의 작은 흰색의 꽃들을 보게 된다. 아마도

◀ *하워디아 쿠페리* (*Haworthia cooperi*)의 긴 화경 모습

과분한 보상을 받는 기분이다. 그러나 이 작은 꽃들의 꿀샘에서 나오는 꿀은 아주 밝은 산호빛(coral) 알로에 *마쿨라타*(*Aloe maculata*) 꽃보다 더 달다. 저자가 가지고 있는 맛있는 *에케베리아* '로라'(*Echeveria* 'Lola')도 역시 꿀샘이 있어 단맛이 강하다. 그리고 *하워디아 쿠페리*(*Haworthia cooperi*)도 여전히 아주 달다.

대부분 다육식물은 향이 좋은 꽃이 달리지는 않지만 다양한 향을 가진 즐거움의 꽃을 한 움큼 선사한다. 아이구, 왜 내가 저 냄새를 다시 맡아야 하지? 저자가 소유한 *크라슐라* '모간 핑크'(*Crassula* 'Morgan's Pink')과 *에키놉시스 서브데누다타* '도미노 캑터스'(*Echinopsis subdenudata* 'Domino Cactus')의 꽃들은 아주 사랑스러운 향기(perfumes)를 내 뿜는다. 반면에 스타펠리아드(Stapeliads)의 꽃은 파리와 같은 수분곤충을 유인하는 데 매혹적이지만 생선이나 작은 쥐가 부패하는 것과 같은 지독한 냄새를 진동시킨다. 그러나 이러한 악취꽃(stank flowers, 썩는 냄새가 난다는 의미로 정식 용어는 아니고 저자가 만든 조어임)들은 야생이고 특이한(unearthly) 형태를 지니고 있다. 여러분은 코를 찌르는 듯한 그들의 악취 때문에 그냥 무심코 지나칠 수가 없다. 이런 작은 꽃을 피우는 종류가 상당히 많고 여러분이 그 꽃에 가까이 가지 않으면 냄새를 맡을 수 없는 것이 많다. 반면에 이들 다육식물이 꽃이 피면 냄새가 아주 강하므로 여러분은 단지 뭔가 바람이 불어가는 쪽으로(downwind) 걷게 된다.

▲ 꽃이 피면 먼 거리에서도 파리를 유혹하는 *스타펠리아 그랜디플로라*(*Stapelia grandiflora*)

다육식물들은 봄부터 가을까지 꽃을 피우는 경향이 있다. 많은 경우 춘화처리(vernalization, 꽃을 피우려면 저온기간을 거치는 과정)를 필요로 한다. 그렇지 않으면 개화나 새로운 생육이 정상적으로 이루어지지 않는다. 화경은 보통 줄기보다 더 높게 자라는데 *에케베리아 프로리피카*(*Echeveria prolifica*)와 같은 몇몇 종에서는 긴 줄기가 화경(flower stalk) 같이 보이기도 한다. 꽃은 여러분이 수집한, 식별이 안 된 다육식물을 분류하는데 중요한 분류의 기준이 된다. 몇몇 종들은 번식을 시킬 수 있는 줄기를 따라 잎을 만드는데 이는 드문 경우이지만 특별히 하워디아(Haworthia)에서 볼 수 있는데, 새로운 작은 소식물체(plantlet)가 화경 줄기의 높이까지 자란다.

이러한 것을 하와이 사람들은 높이 자란 작은 새싹(고아, 高芽)이라는 뜻의 케이키스(keikis, 난과 같은 식물에서 벌브(bulb)가 충실하게 자라지 않았거나 저온처리가 되지 않았으면 꽃이 되어야 할 부분이 잎이 되어 작은 영양체 번식식물이 된다)이라고 부른다. 저자는 단지 2개만 가지고 있는데 하나는 *에케베리아 디프랙텐스*(*Echeveria diffractens*)이고 또 하나는 *그랍토베리아* '프레드 이브스'(*Graptoveria* 'Fred Ives')이다. 그들은 정말 놀라운 행운을 선물한다.

다육식물의 꽃은 장기간 다양한 색으로 수개월간 보여준다. 일단 개화가 끝나면 화경을 밑에서부터 전정하는데 만약 여러분이 꽃을 즐기는 수분매개 곤충을 보았다면 여러분은 열매가 맺을 때까지 기다려야 할지도 모른다. 몇몇 속(genera)에서는 자가수정(self-fertile)이 되고 또 다른 경우는 타가수분(cross-pollination)을 필요로 한다.

▲ *그랍토베리아* '프레드 이브스'(*Graptoveria* 'Fred Ives')의 화경에서 자라고 있는 작은 소식물체(keikei, 고아)

꽃의 유일한 단점(only downsides)은 식물의 기관 중에서 꽃이 많은 에너지를 사용한다는 것이다. 그리고 꽃은 가루깍지벌레(mealybugs)에게 매우 매력적이라는 것이다. 만약 여러분의 다육식물이 약하다고 느껴지면 에너지를 많이 쓰는 화경을 잘라내고 그 다육식물 자체만을 감상하며 즐기면 된다. 그리고 여러분의 다육식물의 꽃에 복숭아 가루진딧물(mealy)이 발견되면 그들을 잘라서 여러분의 다육식물과 아주 멀리 떨어진 곳으로 멀리 던져버려라. 그리고 남아 있는 다육식물에 해충이 있는지 확인하고 방제를 잘 해야 한다. 다육식물 병충해 방제에 대해서는 이 책의 병충해의 증상과 치료(Succulent SOS: Symptoms-Signs of Common Pests) 편(79페이지)을 참조한다.

저자는 여러분이 종자로부터 다육식물을 재배하기 시작할 때 꼭 알아야 할 몇 가지를 제시하면서 재배할 것을 권유한다. 다육식물은 아주 잘 자랄 뿐만 아니라 여러분의 관리 하에서 건실하고 튼튼하게 자라가도록 해야 한다. 다육식물의 종자번식(다육식물의 번식: 종자 편을 참조해 보라. 저자의 생각으로는 할머니에게서 받은 *알로에 마쿨라타*(*Aloe maculata*) 종자를 비롯한 몇몇 다육식물을 잘 재배할 줄 몰라서 몇 년 동안 다육식물을 힘들게 했다. 친구가 스페인에서 몇 종류의 다육식물을 가지고 왔을 때 저자는 그 종자를 버리듯이 토양에 심기로 결심을 하였다. 그런데 이 종자들이 몇 달

▲ *에키노캑터스 그루소니* '황금 배럴 캑터스'(*Echinocactus grusonii* 'Golden Barrel cactus')의 유묘들

▲ 수수한 꽃이 아름다운 *짐노칼리시움 발디아눔(Gymnocalycium baldianum)* 선인장

후에 별로 노력도 하지 않았는데 싹이 나고 자라기 시작했다. 이 알로에(Aloe) 종자들은 환경이 맞으면 잘 자란다. 저자의 몇몇 작은 알로에(Aloe)도 매일매일 더 크게 잘 자라가고 있다.

만약 여러분이 꽃이 피어있는 다육식물을 구입했다면 그 꽃을 충분히 즐기고, 또 나중에 다시 꽃을 피우고 싶다면 특별히 뭔가 다육식물을 재배하기에 부적당환 곳이라면 다육식물이 꽃을 피우는데 들어가는 에너지의 균형을 맞추어 주는 것이 중요하다. 이것은 결코 작고 무시할 수 있는 가벼운 기술이 아니다. 여러분은 이런 성취에 자긍심을 가져도 좋다. 그리고 만약 여러분이 꽃을 보지 못했다고 하더라도 다육식물의 꽃은 준비되어 있다. 우리는 때때로 이들이 꽃을 피우고 있다는 것을 잊어버리고 산다.

저자의 생각에 선인장은 새싹 등 새로운 무엇이 없으니 절제되고 무표정해 보이지만 이 선인장과 다육식물이 가장 우리를 놀라게 할 때가 있다면 꽃을 피웠을 때이다. 이 선인장과 다육식물은 열매로부터 종자를 수확하기도 아주 쉽고 더구나 다른 식물보다 확실하다.

제2장 다육식물의 번식(Make More Sucs)

제2장 다육식물 번식(Make More Sucs)

1. 번식의 기초(Intro)

"여러분은 저자에게 하나의 작은 잎이 또 다른 온전한 식물체로 된다는 것을 말하려는 것이지요?"

예! 그러나 이것은 단지 다육식물에서는 하나의 방법일 뿐이다. 여러분은 새로운 다육식물체를 만들 때 삽수나 잎 하나로도 가능하다. 영양체 하나로 여러분은 가장 강하고 건실한 다육식물 개체를 만들어 낼 수 있다. 몇몇 간단한 준비만으로 성공적인 번식을 확률을 증가시킬 수 있으나 여전히 여러분에게서는 확정적으로 보장되지 않기 때문에 많은 잎, 삽수, 종자를 준비해서 시도하는 것이 좋다.

▲ 잎과 삽목으로 주로 번식하는 다육식물

재배계절과 휴면에 대한 우리의 토론이 적었다는 것을 기억하라. 이것은 다육식물의 번식에서 중요한 요인이다. 만약 여러분이 삽목이나 엽삽으로 11월에 번식을 시도했다면 뿌리가 나오는데 오랜 시간을 기다려야 할 것이다. 반면에 만약 여러분이 같은 다육식물 트레이를 가지고 초봄에 시도한다면 여러분 자신도 놀랄 만큼 빨리 자랄 것이다. 만약에 여러분이 과거에 실패한 경험이 더 많다면 잘 자라는 재배기에 시도해 보라. 그러면 훨씬 더 잘 자라는 행운이 따를 것이다.

여러분은 다육식물의 어떤 부위를 가지고 번식을 시키든 먼저 물을 좀 주어야(hydrated) 한다. 삽수를 채취하기 하루나 이틀 전에 물을 주라. 그렇지 않으면 물을 흡수하는 데 시간이 걸릴 것이다. 물이 적절하게 있어야 새로운 뿌리를 내는데 도움을 줄 것이다. 얼마나 빨리 새로운 생장이 되느냐의 여부는 번식하려는 다육식물의 종과 계절에 달려 있다. *그랍토페탈룸 파라구아이엔세(Graptopetalum paraguayense)*의 잎에서는 일주일 정도면 뿌리가 나오지만 특별히 생육기간이 아닌 경우 어떤 다른 다육식물은 몇 주 이상이 걸리기도 한다. 다른 많은 다육식물들에게서 여러분을 오래 기다리게 하므로 혼란을 가중시키기도 한다. 어쨌든 번식은 재배가 잘되는 기간에 실시하는 것이 좋다.

2. 잎을 이용한 번식(Propagation by Leaf)

만약 여러분이 끝부분의 손상없이 줄기로부터 잎을 떼어낸다면 새로운 식물체로 잘 자라갈 것이다. 이 번식능력이 있는 영양체(clonability)는 다육식물 중 가장 깨끗하고 깔끔하게 잘라낸 것이어야 한다.

물론 많은 종들에서 잎으로는 번식이 안 되는 것(caveats)도 있다. 모든 잎이 다 잠재력을 가지고 있는 것은 아니다. 그러나 이 책을 보고 실험을 한 연후에 여러분이 그 제한요인을 알게 될 것이고 선물가게는 흙과 화분를 필요로 하는 가게가 감소할 것이다. 누구나 생일날 선물임을 알게 될 것이고 여러분은 그들이 다육식물을 좋아한다는 희망에 찰 것이다.

잎들을 가지고 단계적으로 번식을 시작할 준비가 되었는가? 이제 번식 방법에 대한 안내서가 곧 도착할 것이다.

공급자(Supplies):

• 다육식물 잎(Succulent leaves)

• 트레이(A tray)

• 밝은 간접광(Bright indirect light), 온화한 온도(mild temperatures)

• 물과 다육식물용 토양(Water/Succulent dirt, 현재로서는 선택사항)

▲ 잎을 이용하여 번식시킨 것으로 시계방향으로 털이 있는 녹색식물(fuzzy green plant) *칼랑코에* '팡'(*Kalanchoe* 'Fang'), *칼랑코에* '쿠퍼스푼'(*Kalanchoe* 'Copperspoons'), *에케베리아* '펄 폰 뉘른베르크'(*Echeveria* 'Perle von Nurnberg'), *에케베리아* '블랙 프린스'(*Echeveria* 'Black Prince'), *세데베리아* '캘리포니아 선셋'(*Sedeveria* 'California Sunset'), *그랍토페탈룸 파라구엔세*(*Graptopetalum paraguayense*), *세덤 아돌피*(*Sedum adolphii*), 황금 세덤(Golden sedum), *파키베리아* '문스톤'(*Pachyveria* 'Moonstones')

1) 다육식물 잎(Succulent Leaves)

여러분은 다육식물이 엽삽으로 번식되는 것이 필요할 것이다. 여러분은 온라인으로 또한 판매자를 알 수 있을 것인데 그들은 여러분이 원한다면 각각의 화분을 사지 않고 편하게 여러 가지 다육식물의 잎만을 보내줄 수 있을 것이다. 그렇지 않으면 저자는 제안하기를 재배하기 쉽고 활력이 높은 것으로 알려진 다육식물로 시작하라. 대부분의 에케베리아(Echeverias) 속(genera)과 그들의 교잡종인 세데베리아(Sedeverias)와 그랍토베리아(Graptoverias), 마찬가지로 그랍토페탈룸(Graptopetalums), 그랍토세덤(Graptosedums), 칼랑코에(Kalanchoes), 그리고 더 큰 세덤(Sedums)들은 모두 시작하려면 더 넓은 장소가 필요하다.

보통 일반시민들은 그들의 다육이 잎을 서로 나누고 이렇게 하는 것들은 이들이 번식하기에 좋다는 정보(indicator)가 될 수 있다. 저자가 발견한 칼라가 매혹적인 좋은 품종들로 저자가 추천해주고 싶은 종류로 *그랍토베리아* '프레드 이브스'(*Graptoveria* 'Fred Ives'), *그랍토베리아*

'데비' (*Graptoveria* 'Debbie'), *그랍토페탈룸 파라구아이엔세* '고스트 플랜트' (*Graptopetalum paraguayense* 'Ghost Plant'), *세덤 아돌피* '골든 세덤' (*Sedum adolphii* 'Golden sedum'), *에케베리아 리라시나*(*Echeveria lilacina*), 그리고 물론 아주 예쁜 자색의 *에케베리아* '펄 본 뉘른베르크' (*Echeveria* 'Perle von Nurnberg')가 있다. 이들은 결코 포괄적이고 완전한 리스트(exhaustive list)가 아닌 많은 것들 중의 일부 샘플일 뿐이다.

만약 여러분이 잎으로 번식시킬 확신이 없다면 다육식물 이름과 엽삽 번식이라는 간단한 인터넷 검색을 해보라. 그러나 이름도 잘 모르겠으면 분류학 책이나 온라인으로 질의를 해보고 최적의 환경을 맞춰서 새로운 잎으로 재배해 가기 바란다.

2) 트레이(A tray)

여러분이 집에서 사용한 트레이를 재사용(repurpose)하도록 만드는 것은 쉬운 일이다. 저자는 높이가 낮은 마분지(cardboard) 박스, 큰 토기(terracotta) 받침접시(saucers), 육묘용 트레이(trays)의 안쪽에 신문지를 깔고 오래된 서랍장이나 나무로 된 와인 틀상자(wine crate), 그리고 심지어 창틀이나 창받침(window sill)을 이용하기도 했다. 이러한 품목들의 어떤 것도 물에 견딜 것이고 모두 공기의 흐름을 나쁘지 않게 만들 수 있는 재료들이다. 플라스틱, 금속, 유리와 같은 것들은 피하는데 이러한 것들은 열을 너무 많이 보존하거나 수분의 증발을 방해한다.

▲ 엽삽 번식을 하기 위해 흙을 넣은 오래된 육묘용 트레이

3) 밝은 간접광(Bright indirect light)

잎은 아주 강하지는 않다. 빛과 열이 더 강하게 비취면 잎은 더 많은 생육을 하려고 애쓴다. 여러분은 다육식물들은 몇 번 옮겨가며 실험을 해봐서 가장 좋은 장소에 위치시켜라. 저자가 추천하기에는 이들 다육식물을 야외에 두는 것이 실내에 두는 것보다 더 단단하게(compact) 자라고 관리하기도 쉬울 것이다. 다른 측면에서 전체적인 광에 노출시키면 여러분의 다육식물 잎이 열에 의해 삶겨지고(blanched) 데이는(poached) 일이 생길 수도 있다. 여러분 중 누구도 이런 일은 하지 않기를 바란다.

4) 토양과 물(Soil/Water)

여러분은 다육식물이 건충분히 마르기 전에 계속해서 물을 주지 말라. 이런 원칙은 습기가 많은 토양에도 당연히 적용되어야 한다. 다육식물의 잎은 뿌리가 형성되기 시작할 때까지 물이나 흙을 필요로 하지 않는다. 만약 여러분이 사는 지역의 기후가 따뜻하고 건조하면 여러분의 다육식물은 약간의 습기가 있는 흙이 있어야 통통한(plump) 잎을 유지할 수 있을 것이다. 그러나 잎 끝이 치료되어 마르기 전에는 물을 주지 말아야 한다는 원칙은 지켜져야 한다. 때가되면 여러분은 단수시기와 정도를 판단하거나 흙을 트레이에 넣어 습기를 조절한다. 특별한 표준이 없으니 여러분의 상황에 맞게 작업을 한다. 여러분의 다육식물 잎에 기질을 선택할 때 뭔가 잎의 탈수가 없이 빨리 건조될 수 있는 재료물질이 필요하다.

◀ 엽삽 번식을 하기 위해 싹을 내고 있는 삽수들, 이들은 그 동안 2주째 물을 한방울도 주지 않았다.

퍼미스(pumice)를 전부 사용하거나 터페이스(Turface), 세라믹(ceramic) 토양과 이들의 혼합토양은 너무 건조하기 쉽다. 토기그릇처럼(terracotta) 말이다. 그래서 약간의 유기물 재료를 여러분의 트레이 토양이나 코이어(coir, 역자 주: 코코넛 열매의 껍질을 부수어서 만든 인공 유기물 토양), 또는 이끼(sphagnum moss)를 섞어 넣어 만든다.

5) 잎의 분리 방법(Instructions on removing leaves)

잎으로 번식을 시킬 다육식물은 적어도 1일 이전에 번식을 시킬 식물에 물을 주고 트레이에 이들을 보관하면서 말린다. 이 일은 정말로 간단하지만 번식에서 가장 중요한 단계 중의 하나가 잎의 채취이다. 만약에 잎을 억지로 따거나 손상이 생기면 실패하기(dud) 십상이다. 이것은 누구에게나 늘 발생하는 일이다. 그러므로 너무 염려하거나 좌절할 필요가 없다. 이것만 잘 연습하면 여러분은 여러분도 모르게 탁월한 번식가가 되어 있을 것이다.

(1) 최하단 잎으로 시작하기

한손으로 화분를 안고 줄기의 기부를 전체 식물이 빠지지 않도록 하면서 잎을 딴다. 물론 손상없이 잎을 따기기 너무 어려워 보일 때는 여러분은 화분를 뒤엎고 잎을 채취하거나 여러분이 이 식물체 윗부분을 절단하여 둔다.

◀ 아래쪽 낮은 잎을 채취하고 있는 모습

(2) 줄기에 붙은 잎을 가볍게 잡고 부드럽게 왼쪽에서 오른쪽으로 비틀면서 채취하기

작업은 열쇠를 넣고 돌리듯이 잎을 따낸다. 위아래로 그리고 양옆으로 살짝살짝 흔들면서 필요하면 좀 더 세게 비튼다. 만약 정말로 분리가 잘 되지 않으면 당신의 손으로 잎사귀를 꽉 잡은 후 다른 한손으로 잎을 채취한다. 양 옆으로나 앞뒤로 식물체 전체를 기울인 다음 채취할 수도 있다. 여러분은 또한 여러분의 손톱을 사용해서 잎의 느슨한 한쪽면을 채취할 수도 있다. 그리고 계속해서 줄기로부터 잎을 따내면서 작업한다.

대부분의 잎은 적절하게 분리시키면 그 고유의 모습들을 가지고 있게 된다. 보통 물기가 거의 없어지면 그것이 분리된 줄기만 모양을 일부 유지하게 된다. 어린 아이의 치아가 나오는 것과 거의 같은 저항이 없고 완전히 깨끗하게 분리해 낸다.

(3) 잎을 분리하고 채취한 다음 말리고 트레이에 심기

이제 남은 일은 여러분의 다육식물 잎을 트레이에 심고 기다리는 일이다. 많은 분들이 줄기가 자라던 같은 방향으로 이 잎을 배치한다. 그러나 이들 잎은 여러분의 선택하는 방향과 윗면이나 아랫면이나 상관이 없다. 여러분은 이 잎들이 건조되어야 한다는 것을 기억해야 한다. 줄기에서 분리된 작은 잎을 검사해서 물을 주는 것이 안전하다. 빛에 노출시킬 때는 완전히 건조되어야만 한다. 캘러스(callus)나 상처에 딱지가 아물어야(scab) 할지도 모른다. 만약 여러분이 트레이에 물을 축인 토양을 사용한다면 여러분은 며칠 간격으로 주변의 토양에 스프레이로 미스트(misting) 분무를 해준다. 그러나 너무 많이 주지는 말아야 한다.

작은 번식용 잎이 물에 젖지 않도록 주의해야 한다. 물에 젖었을 때는 햇빛에 좀 두든지 보광등 아래에 두면 곧 물이 없어질 것이다.

일주일 정도면 여러분은 그 잎들의 일부가 투명하게 되는 것을 발견할 것이다. 이것은 잎이 손상을 입었다는 신호인데 이것은 잎을 채취할 때 상처가 생겼거나 습기나 물에 너무 빨리 노출되었기 때문이다. 그러나 단지 한컵의 물에 의해서도 완전한 잎에서 피해가 발생할 수 있다. 물을 조금만 주고 그냥 내버려 두라. 이러한 잎들은 며칠 더 지켜보고 안되면 쓰레기통으로 던져버려야 한다. 만약에 잎이 갈색으로 바뀌거나 희망이 없어 보이면 말려라. 그것은 아마도 더 이상 잘 자라가지 못하고 활기가 떨어질 것이다. 여러분이 이렇게 될 줄을 이미 알았다면 많은 다른 잎들을 관리하는데 더 많은 시간을 쓰는 것이 더 좋았을 것이다. 죽은 잎은 버려라.

뿌리가 나오기를 기다리는 동안 여러분은 다육식물로 여러분의 캔버스(canvas)인 트레이에서 만달라(mandalas, 역자 주: 기하학적 도형으로 원으로 된 중심을 가진 것으로 신상(神像) 또는 신의 속성이 그려져 있음)와 같은 디자인을 만들어 볼 수도 있다. 이런 작업들은 시간을 즐겁게 지내는 아주 좋은 방법이다. 만약 여러분이 같은 트레이에 번식할 다육식물을 여러 종 가지고 있다면

▲ 완전히 죽은 잎들의 모습(duds)

▲ 새싹을 가진 작은 투명한 잎 – 새로운 식물체가 건강하게 자라지 않는 한 계속 붙여 두는 것이 좋다.

여러분은 어떤 것이 어떤 것인지 분간하기가 어렵다. 저자는 그의 다육식물 잎에 영구히 보존되는 부드러운 소재의 라벨을 붙였으나 결국 잉크가 점점 흐려졌고 잎은 결국 말랐다. 그래서 기억을 되돌리기 위해 많은 사진들을 찍었다. 저자가 가지고 있는 노트북 비밀번호는 식물의 잎사귀 이름에 따른 번호이기에 그렇게 하는 것이 학명보다 번호를 쓰기가 더 쉬웠다.

(4) 생장률(Growth Rate)의 차이

많은 재배자들이 잎에서 뿌리가 나오는데 어느 정도나 걸리는지 궁금해 하지만 사실 거기에는 정확한 정답이 없다. 가장 주요한 요인은 위치와 계절이다. 때때로 이 다육식물들은 뿌리에 어떤 징후나 사인도 없이 새싹을 낸다. 다른 때는 언제나 새로운 잎이 자라는데 거의 관심이 없이도 뿌리를 잘 내는 것같이 보인다. 때때로 다육식물들은 항상 그러하다. 단지 우리가 할 수 있는 일이란 관찰하고 기다리고 희망을 갖는 일이 전부이다.

저자가 가지고 있는 자료 중에서 가장 인상적인 생장률을 보인 것은 2월 하순경에 자라기 시작한 *그랍토페탈룸 파라구아엔세*(*Graptopetalum paraguayense*)이다. 저자는 삽목을 하였고 가족들의 플랜터(planter, 역자 주: 식물을 재배하는 대형 사각형 재배상자)에 깨끗하게 재배하였다. 수백 개 이상을 상처가 난 다육식물 잎을 채취하였다. 저자는 이들은 큰 토기 화분 받침(terracotta saucer)에 담고 야외의 현관입구 계단에 두었다. 그렇지 않으면 밝은 남사면 창가에 두었다. 비가 오면 비를 맞는 곳이었다. 2주일 내에 거의 12개의 새로운 잎이 자랐고 뿌리가 내렸다. 오늘까지도 저자의 다육식물 정원에는 여전히 그랍토페탈룸(Graptopetalums)으로 가득 채워져 있다. 지금은 그들의 대부분을 버린 이후에도 말이다.

저자는 늦가을 잎을 이용하여 재배했을 때 생육이 가장 느렸다고 이야기 한다. 반면에 봄에 이들을 재배했을 때는 얼마나 빨리 자라는지 놀랐다고 한다. 저자가 재배해보니 천천히 자라는 종은 *세네시오*

▲ 약 2주가 되었을 때 서쪽에 위치한 다육식물에서 가장 빨리 뿌리가 나오는 *그랍토페탈룸 파라구아엔세* (*Graptopetalum paraguayense*)의 모습

루브로티쿰 '젤리빈' (*Senecio rubrotinctum* 'Jellybeans'), *에케베리아* '블랙 프린스' (*Echeveria* 'Black Prince'), *파키피툼 오비페룸* '문스톤' (*Pachyphytum oviferum* 'Moonstones'), 그리고 *에케베리아 리라시나*와 '로라' (*Echeveria lilacina*와 'Lola')였다. 이들은 재배기간이 아주 긴 경향이 있었으나 이들은 아주 잘 번성하는 것 같다.

만약 여러분이 바람이 거의 없는 실내나 현관에서 일단 줄기가 형성되면 환풍기를 켜거나 선풍기를 돌려 야외에서처럼 자연적인 바람이 부는 조건을 만들어 준다. 바람은 저항(resistance)을 제공하여 줄기가 두텁고 강하게 되도록 만들어 준다. 그리고 다육식물의 뿌리가 토양에 단단히 고정되도록 해준다. 이런 훈련이 없이는 그들의 작은 줄기들(necks)이 너무 약하게 지지하게 되는데 누구도 약하고 늘어진 다육식물을 원하지 않는다.

(5) 발근과 분갈이

작은 유묘가 뿌리를 낸 후 여러분은 다음에는 '무엇을 어떻게 하지' 라고 방황할 것이다. 주요한 잎이 줄기에 붙어 있는 한 대부분의 시간들 동안 최적의 생장을 한다. 다육식물은 보통 건조할 때 잎을 떨어뜨린다. 그러나 때때로 그들은 좀 통통하게(plump) 잘 자라고 새로운 식물체의 부분으로 자라가기도 한다.

▲ 좀 더 큰 잎의 번식에 아주 좋은 작은 유묘 화분들

일단 뿌리가 착근이 되면 각각의 식물체에 간단한 처리를 해준다. 즉 뿌리 주변의 토양을 부드럽고 느슨하게 해서 이식한다. 그리고 그 다육식물을 화분에 심고 밝은 간접광을 쬐어 준다. 다음 작업으로 토양을 건조하게 만들어 준 뒤 생육이 왕성한 시기 사이에 물을 준다. 여러분은 이 작은 다육식물을 가지고 여러 가지 재미있는 프로젝트를 만들 수 있는데 예를 들면 미니 꽃꽂이, 코르크 플랜트(cork planter, 역자 주: 비어있는 벽이나 주방 공간을 채워주는 와인 코르크를 활용한 미니 다육식물 재배기법), 식물용 풀(glue)을 이용한 임시 보석 장식구(jewelry) 등을 만들어 볼 수 있다. 여러분은 많은 다육식물들의 크기에 맞는 적당한 화분을 사용해야 한다. 그러므로 식물이 크게 자라면 더 큰 화분으로 공간을 만들어 주어야 한다.

(6) 잎을 이용한 번식의 문제점 해결(Leaf propagation troubleshooting)

아래의 질문들은 저자에게 많은 분들이 수시로 질문하는 것으로 잎의 번식과 관련하여 가능한 해결책을 제시해 준다.

① 잎에 아무런 변화가 없어요, 뿌리도 새잎도 아무것도 나지 않아요.

- 몇 가지 질문을 한 연후에 질문자들이 삽수용 잎을 줄기로부터 채취할 때 잎을 돌려서 채취하지 않고 대신 수술용 날카로운 칼(scalpel)을 사용했다는 것이다. 이것은 삽수(cutting)의 하단부에 있는 새로 자라갈 세포를 포함하고 있지 않게 잘라냈다는 것이다. 다육식물을 바르게 채취하는 저자의 방법(59페이지 참조)대로 하면 성공적으로 번식을 시킬 수 있다. 그들은 그날 외과의사처럼 잎을 채취하였었다.

② 새로운 번식체가 잎은 잘 났는데 뿌리가 나지 않아요.

- 이것은 일반적으로 발생하는 것으로 2가지 이유가 있다. 첫 번째는 거기에는 무엇인가 세포에서 뿌리가 나는 것을 방해하는 것이 있다. 그것은 물리적 또는 생물학적으로, 혹은 둘 다 관련되어 손상(damage)을 줄 수 있다. 두 번째는 새로운 번식체 잎이 물로 가득차 있다면 뿌리가 날 수 없다. 저자는 적어도 1주일~2주일 동안은 토양이나 식물체에 물을 주는 것을 삼가야 한다고 제안한다. 그래야 물을 찾아서 뿌리가 정상적으로 나온다.

③ 온통 뿌리이다. 새잎은 없고 오로지 뿌리만 있어요.

- 저자가 생각하기에는 이것은 직접적인 세포들의 문제이다. 만약에 몇 달이 지나면 여러분은 여전히 어떤 새로운 잎을 보지 못할지도 모른다. 그래서 그렇게 많은 뿌리를 냄에도 불구하고 죽을 지도 모른다. 그러나 여러분이 인내심을 가지고 기다린다면 잎이 자라나오는 경우가 많다. 그때는 여러분이 놀라움으로 가득 차게 된다. 간혹 게임에서 이긴 것처럼 말이다.

④ 번식시킨 잎에서 뿌리는 마르고 아무 것도 일어나지 않아요.

- 잎을 직사광선에 바로 두지 않도록 주의한다. 어떤 것들은 그들의 뿌리를 토양에 묻음으로 그들의 수분을 유지시킨다. 이는 특별히 건조지역과 실내에서 재배할 때 그러하다. 여러분은 돌이나 나뭇가지로 지지할 수 있게 하거나 작은 번식체 새잎을 직접 토양으로 유도할 수 있다. 이때 여러분은 그 잎을 얕게 심도록 하되 다육식물의 작은 잎이 건조되면 당근과 같은 모양으로 곧추 심는다.

⑤ 실내에서 재배하는 새로운 번식체들은 잘 자라지만 줄기들은 너무 약해요.

- 여기에는 아마 2가지 요인이 있는 것 같다. 단단하고 빽빽한(compact) 생장을 위해서는 빛이 충분해야 하는데 그렇지 않거나 줄기를 단단하게 할 수 있는 통풍(wind)이 부족할 때이다. 그러므로 광량을 증가시키고 팬으로 바람을 불어주면 된다.

⑥ 언제 물을 주어야 하나요? 저는 번식 상자인 트레이(tray)를 청소하고 토양이 물렁물렁하게 되도록 2일에 한 번(격일)로 물을 분무했어요.

- 다육식물의 잎은 건조한 조건을 좋아하는데 물을 주더라도 모든 잎이 물에 젖는 미스트(misting)나 스프레이(spritzing)하는 것은 좋지 않다. 햇빛이 비취면 젖은 잎은 놀라고 힘들게 된다. 물을 줄 때 여러분은 화분의 토양이 젖게 하되 다육식물 잎에는 물이 가지 않게 해야 한다. 따라서 뿌리 부분 토양에 직접 부드럽게 물을 주면 물이 잘 흡수되고 뿌리도 잘 나온다. 잎이 물이 고여 있을 때는 어떤 물이라도 주지 않는 것이 좋다. 특별히 햇볕이 비취고 있을 때는 말이다. 이렇게 잎에 물이 고여 있으면 팬을 설치하여 환풍을 시킨다. 이렇게 하면 여러분의 다육식물 잎 가장자리(margin)에 있는 물은 곧바로 증발된다.

3. 분주(By Division)

자구(offsets)와 작은 번식체(pups)는 다육식물을 번식시키는 새로운 개체들이다. 자구를 만드는 것은 또 다른 증식방법으로 여러분은 쉽게 *알로에 베라(Aloe vera)*와 *하워디아(Haworthia)*에서 지하의 새눈이 나오는 것으로 쉽게 이해할 수 있다. 이러한 것을 우리는 흡지(suckers) 혹은 소식물체(pups)라고 한다. 때때로 이러한 용어는 종종 같은 의미로 사용되기도 한다. 그러나 흡지(suckers)가 거의 항상 사용되는데 뿌리로부터 새순이 나오는 새로운 식물체이고 토양 바로 아래 줄기가 들어있는 부분(tucked)을 말한다.

▲ *하워디아 테슬라타(Haworthia tessellata)*의 작은 새로운 번식체들

다육식물의 토양과 접하는 지제부나 그 위쪽에 새로운 식물체를 형성시키면 자구(offsets)라고 하는데 에케베리아(Echeverias)의 헨앤칙스(hen and chicks, 셈퍼비붐 다육식물이 암탉과 병아리처럼 번식하는 모양때문에 붙여진 이름임) 타입에서 볼 수 있다. 두 경우 모두 자구를 식물체에서 분리하여 다른 화분으로 번식시키기가 쉽다. 반면에 자구는 이미 뿌리가 형성되어 있을 수 있다. 이들은 분리시킬 때 상처부분이 썩지 않도록 치료할 필요가 있다.

1) 분주 준비(Preparing for division)

잎에 의한 번식과 삽목(cuttings)에서 미리 물을 준 다육식물체가 뿌리가 내릴 때 까지 물을 오랫동안 머금고 있어야 좋다. 그리고 계절도 잘 맞아야 생육이 좋다. 알코올이나 락스로 문질러 소독한 칼을 사용한다. 저자는 자구를 직선으로 된 자와 가위, 손가락으로 자르는 것을 좋아한다.

여러분의 다육식물을 화분에서 분리해 낸 후 납작한 공간이나 속이 얕은 통에서 작업을 한다. 여러분은 작은 분리자국에라도 물이 들어가면 부패할 수 있다는 것을 기억해야 한다. 식물체 분주를 한 후에는 며칠 동안 물을 주지 않도록 해야 한다.

▲ *에케베리아* '로라'(*Echeveria* 'Lola')의 작은 식물체

2) 헨앤칙스(셈퍼비붐)와 같은 다육식물의 자구번식 (For hen and chicks type offset division)

작은 번식체의 새 식물은 어미 식물체의 줄기, 보통 기부(the base)를 따라 로제트(rosette) 모양으로 배치되어 있다. 곧 스스로의 줄기로 발달될 것이고 경우에 따라서는 이들은 화분에 심기 전에 더 건조한 경우는 공기 뿌리인 기근(aerial root)으로 자라기도 할 것이다. 그러나 너무 걱정할 일은 아니다.

줄기가 긴 다육식물의 자구(offset)는 그것의 작은 잎에 손상을 주지 않고도 충분히 잘 채취를 할 수 있다. 간단하게 식물체를 잡고 위에 그림처럼 원하는 식물체 자구를 번식시킬 수 있다. 때때로 여러분은 단지 여러분의 손가락만으로도 잎을 뽑아 내는(plucking) 기술로 분리할 수 있다. 자구 줄기의 기부를 붙잡고 쉽게 잎을 떼어 낼 수 있다.

▲ *에케베리아* '로라'(*Echeveria* 'Lola')의 자구 채취 모습

▲ *에케베리아 풀비나타* (*Echeveria pulvinata*)의 두툼한 줄기 번식체를 자르고 있는 모습

여러분이 손가락으로 불가능할 때는 날카로운 칼을 사용하여 분리하거나 너무 두툼하거나 망가지기 쉬운 경우는 날카로운 칼로 깨끗하게 자르는 것이 중요하다.

3) 알로에(Aloe), 하워디아(Haworthia), 그리고 다른 흡지 다육식물들 (suckering succulents)

이런 종류의 다육식물은 토양 아래에서 새 식물체가 나온다. 식물체가 자라감에 따라 위로 올라온다. 이들은 그들 자신의 뿌리가 근계를 거쳐 정상적으로 기능을 할 때까지 모식물체에 붙어있다. 최선의 방법은 분리하기 전에 자신 스스로의 뿌리를 만들 때까지 가만히 기다리는 것이다. 그런 많은 종들은 삽목으로 처리한다.

▲ 주식물체에서 작은 번식체인 개개의 자구를 분리시키고 있는 모습

아직 화분에 심지 않은 식물은 턱이 얕은 통이나 종이 위에 두어서 편하게 처리할 수 있도록 한다. 자구가 건실한지, 뿌리는 활력이 있는지, 생육단계는 어느 단계인 지를 조사한다(inspect). 만약에 이 다육식물의 잎이 건실한 식물에 비해 연한 녹색이면 떼어내 번식시키기 전에 좀 더 기다렸다가 채취한다.

이어서 뿌리를 따라서 자구의 기부를 분리할 좋은 곳을 찾아본다. 만약 다육식물의 뿌리가 생기면 뿌리가 떨어지지 않도록 최선을 다한다. 어떤 자구들은 새 뿌리가 자유롭게 나기 시작할 것이다. 그렇지 않으면 주요 뿌리를 따라 적어도 5cm 정도는 남아있게 멸균된 기구를 사용해서 자구를 자유롭게 자른다. 죽은 잎이나 건실하지 않은 뿌리는 주 식물체로부터 잘라내 손질하고 건조한 장소에 두어서 잘린 끝부분이 썩지 않도록 분갈이(repotting)를 하기 전에 치료한다. 즉 잘린 부분이 있는 자구는 완전히 건조시키고 그들을 화분에 심기 전에 치료해야 한다.

4. 삽목법(By Cuttings)

여러분이 줄기를 이용하는 번식인 삽목을 하기 원하는 데는 몇 가지 이유가 있을 것이다. 예를 들면 모양이 나쁘게 거대한(unwieldy) 식물체가 되었든지, 로제트 위쪽부분이 황백화되어 있든지(etiolated rosette), 아니면 많이 번식을 하여 이웃과 나누기를 원하든지 간에 다 필요한 일이다.

삽수를 잘라서 번식시키는 데는 여러 가지 방법이 있다. 잎으로 번식하는 데는 얼마나 삽수에서 뿌리가 잘 나오느냐가 문제인데 이것은 계절의 영향을 많이 받는다. 일반적으로 봄에서 초가을까지가 좋다. 만약에 한여름의 온도가 약 32℃ 이상이면 잠깐 쉬는 것이 좋고 그 때 이들은 야외에 두도록 한다. 한여름에도 가능은 하지만 충분히 길게 뿌리가 잘 나오도록 하기는 어렵다.

다육식물이라고 해서 다 삽목으로 번식시키는 것은 아닌데 단지 줄기나 가지가 부족할 수도 있는 것이 그 이유이다. 종에 따라서는 가지를 자라게 하고 형태를 바꾸는 여러 방법이 최선일 수도 있다. 엽삽으로 번식시키는 다육식물의 예를 들면 *그랍토페탈룸 파라구아옌세*(*Graptopetalum paraguayense*), *그랍토베리아* '데비' (*Graptoveria* 'Debbie'), 황금세덤(Golden sedum), *크라슐라 오바타*(*Crassula ovata*, Jade), 그리고 *유포르비아* '스틱온파이어' (*Euphorbia* 'Sticks on Fire')들은 가지를 형성시키고 손질이 필요한 좋은 사례이다. 컨트롤하기가 어렵게 크게 자라고 포복성의 특성을 가지는 *칼랑코에 페츠첸코이* '라벤더 스캘럽' (*Kalanchoe fedtschenkoi* 'Lavender Scallops'), *세덤 모르가니아눔* '뷰로 테일' (*Sedum morganianum* 'Burro' s Tail'), 그리고 *세네시오 로우리아누스* '스트링 펄' (*Senecio rowleyanus* 'String of Pearls')와 같은 다육식물을 관리하고 번식시키는 데는 삽목법이 아주 좋은 방법이다.

1) 삽수 자르기(Making the cut)

적어도 하루 전에 식물체에 물을 주고 준비한다. 알코올이나 락스와 같은 것으로 전정기위, 가위와 칼을 소독한다. 그리고 바로 다육식물의 줄기를 따라 특정 부위를 바로 자르거나 새로운 식물체가 될 부분을 적절히 자른다. 만약 여러분이 더 길게 잘랐다면 더 짧게 15cm 정도 내외가 되도록 조절한다. 이는 각각의 삽수가 뿌리를 낼 수 있는 충분한 에너지가 될 수 있는 길이이어야 한다. 자르는 각도는 주식물체를 자르는데 잎에 있는 물이 없도록 경사지게 만든다.

▲ 다육식물 삽수를 자르기 전에 먼저 기구를 소독해야 한다.

2) 새로운 삽수의 준비(Preparing a new cutting)

삽수는 화분에 심었을 때 지지가 가능한 길이가 되도록 낮은 부분의 몇 개 잎을 제거한다. 동시에 삽수의 이 부분이 치료되고 건조되도록 하는 시간이 필요하다. 여러분이 삽수를 보고 심하게 손상이 된 곳은 충분한 치료가 필요하다. 밝은 갈색으로 딱지(scab)가 앉은 유상조직(callous)이 보이면 일반적으로 치료가 다 된 것이다. 여러분은 삽수의 잎에 어떤 물(수분)도 없어야 하고 아마도 빛 하에서 거의 녹색이 없어져야 한다. 줄기가 두터우면 건조시키는데 3일에서 2주 정도 걸린다.

▲ 잘린 부분이 갈색으로 말라가면서 삽수에 뿌리가 조금 나오고 있는 모습

위쪽 삽수는 사진을 찍기 전 2달 전에 채취한 것으로 그 전에는 물을 주거나 흙에 심어서는 안 된다. 저자는 비어있는(경우에 따라서는 퍼미스(pumice)로 채워진 토기그릇) 토기 화분에 두면 빨리 마르고 또 수직으로 세워서 말렸다. 이 다육식물 삽수들은 비록 식물체가 잘린 상태로도 계속 자라야 하고 심지어 꽃도 피워야 하기 때문에 여전히 좋은 광을 필요로 한다. 화분에 심은 상태에서 하위에 위치한 엽은 그늘이 원래 군락상태보다 적어지므로 광에 더 예민하게 되는데 일정기간 조정을 해서 광을 좀 줄여줄 필요도 있다. 시간이 지나 새로운 생장이 계속되면 완전한 식물체로 발달될 것이다.

3) 삽수를 화분에 심기(Potting a cutting)

일단 여러분의 삽수들이 건조되고 나면 여러분은 약간 습한 다육식물 토양에 심고 쓰러지지 않도록 지지하면서 뿌리가 나기를 기다린다. 이상적으로는 여러분의 다육식물의 뿌리가 보일 때까지는 정말로 물을 주지 말고 기다린다. 이 과정은 1주일에서 심지어는 몇 달까지 기다려야 한다. 그래서 이들 다육식물 삽수에 물을 줄 때는 뿌리가 이미 나와 있는 것보다 더 가볍게 주어야 한다.

▲ 속이 빈 토기화분에 수직으로 세워서 말리고 있는 다육식물의 삽수들

저자의 경험으로는 물이 모자라는 삽수가 더 빨리 뿌리가 나오는 경향이 있었다. 목마른 식물에서 더 많이 뿌리가 나오는 것처럼 말이다.

4) 삽목의 문제점 해결(Trouble shooting cuttings)

여러분이 삽수에 물을 주기 전에 반드시 상처부위가 완전히 다 아물었는지 확인해야 한다. 만약 잘린 끝부분이 물렁물렁하고 반투명적(translucent)이며 갈색으로 변해있다면 이 다육식물 삽수에 물을 주기 전에 완전히 건조되지 않았다는 증거이다. 좋은 소식은 여러분이 비록 상한 부분이 있는 삽수라도 썩은 부분을 잘라내고 다시 건실하게 키워갈 수 있다는 것이다. 그러므로 반복해서 같은 과정을 준비하고 실행해야 한다.

만약 한 달이 지나도 여러분의 다육식물에서 뿌리가 나오지 않으면 여러분은 몇 가지 일을 해볼 수 있다. 마른 끝부분에 발근 호르몬을 도포하고 분갈이를 해주면 생장이 촉진될 것이다. 또 여러분은 수경번식(water propagation)을 해 보는 것으로 이는 유리컵에 줄기의 위쪽 끝에까지 충분히 물을 채운다. 저자는 갈색이나 녹색의 유리컵이 더 좋았는데 이는 아마도 단지 유색컵이 물을 더 서늘하게 유지했기 때문이 아닌가 한다. 마지막으로 여러분은 줄기의 조금 위쪽을 잘라 건조시키는 이전 방식으로 하는 것이다. 1년 동안 이런 여러 가지 방법으로 실험을 해보면 계절에 따라 생장의 속도가 차이가 많이 난다는 것을 기억해야 할 것이다.

5. 종자번식(By Seed)

저자는 종자로 상당히 새로운 식물체를 만들 수 있다고 생각한다. 그러나 아직은 새로운 품종을 만들지는 못했다. 아마도 여러분도 그럴 가능성이 높다. 저자는 현재도 알로에(Aloe), 적색 유카(Red Yucca), 유포르비아(Euphorbia), 그리고 몇몇 선인장의 종을 유지하고 있다. 유묘를 관리할 때는 자주 물을 주어야 하고 좋은 광조건과 적절한 온도를 유지하면서 인내심을 가지고 관리해가면 먼저 희미한 녹색 작은 식물이 토양의 바깥으로 모습을 밖으로 내민다는 것을 확신한다.

▲ 약 1년 된 *마밀라리아 미스택스(Mammillaria mystax)*의 유묘

만약 여러분이 보광등이 없고 다육식물을 종자로 번식할 생각이라면 봄이 구입할 시기이다. 그들은 1년 중 따뜻하고 광이 좋은 시기가 좋다. 그러면 여러분의 다육식물은 아주 건실하게 잘 자라갈 것이다. 계속적으로 좋은 광은 물론이고 유묘는 따뜻해야 발아도 잘 되고 번성한다(flourish). 약 21℃ 정도가 이상적이다. 마지막으로 유묘는 성묘와는 다르게 다습조건을 좋아한다. 그러므로 자주 충분히 물을 주어서 토양이 완전히 마르지 않도록 관리해 준다.

1) 종자파종에서 준비사항(Instructions on starting seeds)

- 공급처(Supplies) - 종자를 구입한 농가나 회사를 메모해 두고 관리한다.
- 종자(Seeds) - 품종명과 채취일, 구분일을 기록해 둔다.
- 토양(Dirt) - 유묘용 혼합토양이 좋기 때문에 여러분은 기본적인 다육식물 토양을 사용한다.
- 용기(Containers) - 유리나 금속보다는 배수가 잘 되도록 배수구가 있어야 한다.
- 작은 체(Sifter) - 표토를 정선하기 위해 사용한다.
- 트레이(Tray) - 물을 공급하고 보존하도록 하기 위한 용도이다.
- 미세한 분무기(Fine water mister) - 토양을 흩트리지 않도록 물을 주기 위한 용도이다.

적당한 발아를 시키려면 봄이 오기 2주 전에 파종한다. 저자의 경우 선인장의 유묘는 1월말에 시작했다. 그리고 발아하기까지 2달을 기다린다. 그러나 다른 다육식물은 3월에 파종한다. 그러면 다육식물은 적어도 2주면 발아한다. 그러나 정확한 발아에 소요되는 시간은 알 수 없지만 봄에 더 빨리 자란다는 것은 확실하다.

2) 용기의 선택과 준비(Choose and prepare your container)

처음 몇 달간은 여러분은 용기 위에 비닐을 덮어서 습도를 유지시킨다. 그래서 파종할 토양을 결정할 때 이를 유의한다. 이때 커버하는 것은 공기가 통하도록 너무 밀폐되지 않도록 하고 비닐에 구멍을 뚫어주도록 한다. 또는 지퍼 백을 풀어놓아 공기가 통하도록 한다. 여러분은 종자를 트레이나 여러분이 가지고 있는 다른 재활용 그릇에 파종한다. 저자는 냉장고의 제빙용(製氷用) 트레이(ice cube tray)에 구멍을 내고 3.8리터(1갤론) 짜리 비닐지퍼백(plastic zipper bag)으로 감싸주었다. 배수구를 가진 용기위에 투명한 덮개를 덮으면 유용하고 충분하다(abundant). 여러분은 흙으로 납작하게 채워진 작은 유묘용 화분를 사용할 수 있는데 이들은 배수구와 커버 등 여러 가지 요구조건을 충족해 주어야 한다.

▲ 재활용(repurpose) 용기로 타월을 위에 깔고 두 개의 포크를 가지고 찔러(jabbed) 넣어 사용한다.

▲ 위쪽 표면에 부드러운 모래층을 평탄하게 만들어 준다.

용기에 흙을 채우고 종자를 덮는 복토층이 0.6cm 정도가 되도록 한다. 작은 체(sifter)를 사용하여 종자를 덮을 복토를 체로 쳐서 부드럽게 덮어준다. 이것은 큰 입경을 가진 거친 모래를 제거하는 것으로 큰 입자의 거친 모래는 여러분의 다육식물 유묘 생육을 방해할(hinder) 수도 있기 때문이다. 여러분은 0.6cm의 공간을 확보해야 하는데 이는 용기의 가장자리 테(top rim)에서 물이 넘치는 것(spilling over)을 막기 위함이다.

3) 종자뿌리기(Planting seeds)

너무 종자를 많이 뿌려서 용기가 너무 다 차도록 밀식하지 않아야 한다. 파종간격은 2~5cm 정도가 되도록 한다. 그래야 다음에 이식하기가 쉬워진다. 체로 친 부드러운 흙으로 복토를 하고 미스트기(mister)로 물을 뿌려주는데 배수구로 물이 빠져나올 때까지 위의 토양에 충분히 주의 깊게 물을 준다. 이때 종자에 복토한 흙이 씻겨져 나가 종자가 나출되지 않도록 한다. 용기는 여러분이 선택한 비닐로 덮고 지나치게 물이 많으면 물받이로 물이 빠져나가도록 한다. 계속해서 여러분의 미스트기를 사용해서 몇 번에 걸쳐 종자에 물을 부드럽게 물을 주고 흙이 좀 다져지듯이 가라앉을 때까지 물을 준다.

▲ 토양이 완전히 물을 머금을 수 있도록 스프레이기(spritzer)로 물을 뿌려주고 있는 모습

4) 모잘록병(Damping Off)

모잘록병은 종자나 유묘가 토양전염성으로 부패하여 죽는 병이다. 많은 재배자들은 곰팡이나 세균이 사멸될 때까지 열로 토양을 소독하는 불필요한 추가 작업을 해야 한다. 일반 다른 이들은 계피(cinnamon), 참모밀 차(chamomile tea), 희석시킨 과산화수소(hydrogen peroxide), 또는 민간요법적인 방법으로 곰팡이를 죽이거나 약화시키는 처치를 한다.

5) 새싹 출현(POP!)

일반적으로 약 10일에서 6주 사이에 새로운 다육식물의 싹이 나오는 것을 보게 될 것이다. 다육식물 새싹은 동시에 모두 발아하는 것은 아니고 일부는 발아하지 못하지만 토양을 뚫고 뻥하고 터져 나오는듯한 새 생명체에 여러분은 매우 흥분될 것이다. 저자의 바램은 여러분이 어떤 다육식물의 생장단계를 성공적으로 통과하고 또 다른 단계를 준비하는 성공적인 경험이 되기를 바라는 것이다. 대부분의 다육식물 종자에서 이식이 가능한 단계까지는 2년 정도 소요된다. 그래서 기다릴 준비가 되어 있어야 하고 약해서(weakling) 실패하지 않도록 해야 한다. 일단 유묘들은 적절한 크기의 화분에 준비하고 주의 깊게 스푼과 같은 것으로 뿌리를 파내어 심는다. 그 후에 여러분이 선택한 더 큰 용기로 이식한다. 그러나 이식한 다육식물 유묘의 상처가 치유되는 2주까지는 물을 주지 않도록 한다.

적어도 몇 달 동안은 이식후 쇼크를 피하도록 이동을 하기전에 안착이 되도록 해준다. 종자로 번식시키는 것은 다른 번식 방법보다 훨씬 더 시간이 많이 소요되는 반면에 여러분은 다육식물을 더 잘 알게 되는 아주 좋은 경험이 될 것이다. 다음 단계의 도전은 재배에서 육종으로 나아가는 타가수분(cross-pollinating)을 하게 하는 것이 될 것이다. 이것은 개화한 2타입(type)의 다육식물을 인내심을 가지고 교배하면 된다. 하나의 꽃에서 또 하나의 꽃으로 벌이 꽃가루를 이동시켜 주는 자연적 교배는 것은 아주 간단한 방법이다. 이 방법은 1년이면 활력이 있는 종자를 생산할 수 있다. 만약 그렇지 못하면 전혀 종자를 얻지 못할 수도 있다. 만약 여러분이 시간이 있다면 이런 실험을 해보고 성공시켜 보라. 여러분은 전체적인 새로운 수준의 지혜를 얻게 되고 다육식물에 애정과 존중을 표하게 될 것이다. 다육식물에 대한 많은 사진과 논문들은 이런 과정들을 유지하게 해주므로 여러분은 단계를 반복하고 다른 사람과 지식을 공유할 수 있게 될 것이다.

제3장 병충해의 증상과 치료 (Succulent SOS)

제3장 병충해의 증상과 치료(Succulent SOS)

1. 일반적인 증상들(Symptoms)

아래의 다육식물 사진에서 보는 병징은 가장 일반적인 사인(sign)들이다. 다육식물의 관리와 처치(Take Action) 코너(94페이지)에서는 여러분의 다육식물에게 무슨 도움을 줄 수 있느냐를 배우게 될 것이다. 여러분은 많은 다른 문제를 야기하는 유사한 병징들을 알게 될 것이다. 잎에서 주름(wrinkling)이 생기는 것은 지나친 관수(overwatering)나 너무 자주 물을 줄 때 발생한다. 여러분이 이런 상황에 대한 진단은 여러분의 다육식물에 주어진 광량이나 수분량을 체크하고 토양이 얼마나 빨리 마르는지 온습도의 기상조건을 산정하고 분석해야 할 것이다.

▲ 다육식물의 잎 사이에 숨어있는 가루깍지벌레(mealybug)의 모습

가장 일반적으로 발생하는 문제의 해결책은 물은 적게 주고 광을 더 강하게, 또는 이 두 조건을 동시에 충족시켜 주는 것이다. 여러분의 다육식물에 이런 기본적인 필요를 충족시켜 주는 것이 중요하다. 다육식물의 기초(Basic Tips)라는 제1장(15페이지)으로 돌아가서 더 많은 정보를 얻기 바란다.

1) 환경요소(Environmental Factor)

(1) 토양(Soil)

배수가 잘 되고 유기물 함량이 낮은 토양을 사용한다.

• 제1장 다육식물의 기초: 토양과 비료(Basic Tips: Soil and Fertilizer) 편(33페이지)을 참조하라.

(2) 광(Light)

충분한 빛이 있어야 잘 자라고 모양(자세)가 나온다.

• 제1장 다육식물의 기초: 광도(Basic Tips: Light) 편(20페이지)을 참조하라.

(3) 수분(Water)

토양에 물을 주는 간격은 1주일 정도로 하여 건조시킨다.

• 제1장 다육식물의 기초들: 수분(Basic Tips: Watering) 편(29페이지)을 참조하라.

(4) 용기(Container)

화분는 적당한 크기의 배수구를 가지고 있으면서 식물의 크기에 어울려야 한다.

• 제1장 다육식물의 기초: 용기(Basic Tips: Containers) 편(40페이지)을 참조하라.

만약 여러분이 위의 조건을 다 충족했다면 아래에 발생하는 여러 가지 문제를 해결한 것이다. 다음 부분에서 알려주는 해결책을 참조하라. 다육식물의 제3장 병충해의 관리와 치료(Succulent SOS: Take Action) 편을 참조하라. 다육식물에서 발생하는 문제의 첫 번째 사인(sign)은 잎에서 나타나고 출발한다.

2. 잎에 나타나는 증상(Signs in Leaves)

1) 질감, 형태, 그리고 색깔(By Texture, Behavior, and Coloring)

(1) 질감(By Texture)

잎의 연화(가볍게 눌렀을 때 단단하지 않고 물러짐): 연화된 잎은 너무 오랫동안 토양에 수분이 너무 많았다는 사인이다. 그렇지 않으면 오히려 물이 부족한 사인이기도 하다. 관수 횟수를 점진적으로 증가시키기 전에 배수나 토양 건조비율을 체크해 보라.

• 병충해의 증상과 치료: 수분의 증가(Increase Hydration)와 감소(Reduce Hydration) 편(94페이지)을 참조하라.

(2) 축엽(Wrinkled leaves)

잎은 수분함량이 소진되었을 때와 광도가 너무 강할 때 쭈글쭈글해진다. 이런 현상은 더운 계절에 주로 발생한다. 물을 주는 횟수를 점차적으로 늘리고 광을 줄이는 조치를 강구하라. 그런데도 주름진 잎이 아래로 처지고(droopy), 투명해지며(translucent), 낙엽이 지면(fall off), 수분과다(overwatering)가 더 큰 원인일 수 있다.

- **병충해의 증상과 치료**: 수분의 증가(Increase Hydration)와 감소(Reduce Hydration) 편(94페이지)을 참조하라.

2) 형태(By Behavior)

(1) 처지거나 늘어진 잎(droopy, sagging leaves)

물을 너무 많이 주면 잎이 무거워질 수 있다. 그리고 그 잎들은 그들이 더 많은 광을 원할 때 엽면적을 더 넓게 할지도 모른다. 만약 주변의 잎들이 모두 건실해 보이더라도 병충해가 있는 지 자세히 체크해 보아야 한다.

- **병충해의 증상과 치료**: 수분의 증가(Increase Hydration)와 광도의 증가(Increase Light), 해충과 곰팡이(Pests and Fungi) 편(94페이지)을 참조하라.

(2) 낙엽(Leaves dropping)

오래된 잎은 자연스럽게 떨어지는데 새로운 잎이 떨어지면 수분과다로 줄기와 붙어있는 엽병(petiole)이 약화된 것으로 보인다. 그렇지 않으면 곰팡이나 가루깍지벌레(mealybug)와 같은 병충해일 가능성이 크다.

- **병충해의 증상과 치료**: 수분의 감소(Reduce Hydration)와 해충과 곰팡이(Pests and Fungi) 편(94페이지)을 참조하라.

(3) 축엽과 여윔(Leaves curling in or thinning)

알로에(Aloe)와 하워디아(Haworthia)는 잎을 통해 느끼게 하는 두 가지 대표적인 다육식물이다. 알로에(Aloe)의 잎은 납작하고 약간 건조가 되면 부드럽다. 반면에 하워디아(Haworthia)의 잎은 단단하지만 오목하게(concave) 보인다. 알로에(Aloe)와 하워디아(Haworthia)는 수분이 필요할 때는 둘 다 그들의 잎 끝을 따라 곱슬곱슬해 진다(curl).

- **병충해의 증상과 치료**: 수분의 증가(Increase Hydration) 편(94페이지)을 참조하라.

(4) 줄기와 좀 떨어진 공간에서 새잎이 자라나고 식물체의 키가 커지며 윗부분은 광을 향한다.

식물체는 빛을 따라 늘어나고 잎은 아래로 말리거나 더 넓게 펼쳐진다.

로제트와 같은 형태의 에케베리아(Echeverias), 또는 많은 겹겹이 싸인 잎(stacked leaves)을 가진 *크라슐라 퍼포라타* '스트링 버튼' (*Crassula perforata* 'String of Buttons')와 같은 다육식물의 종은 황백화(etiolation)나 혹은 길게 자라는 증상, 즉 잎사귀 간에 공간이 늘어나는데 이는 광이 부족하기 때문이다. 식물체가 정상적인 것보다 약하면서 길어지고 광원을 향해 자라거나 자연광에 최대한 노출되면 다육식물의 잎은 말리거나 더 넓어진다.

• 병충해의 증상과 치료: 황백화현상의 치료(Etiolation repair)와 광도의 증가(Increase Light) 편 (94페이지)을 참조한다.

▲ 식물체 상부가 굽어지거나 잎이 아래로 쳐지며 잎들 사이에 공간이 생기는 황백화현상(etiolation)의 모습

새로운 잎의 생장이 땅땅해지고 기형화(new leaf growth looks stunted and/or deformed)되면 가루깍지벌레(mealybug)와 같은 해충은 종종 새로 자라는 가장 부드러운 잎부터 가해한다. 새잎은 비대칭적으로 보이거나 생장하는데 상당히 힘들어 보인다.

• 병충해의 증상과 치료: 해충(Pests) 편을 참조하라.

3) 색깔의 변화(By Coloring)

(1) 잎이 반투명으로 변화할 때(Leaves turning translucent)

만약 최근에 아주 춥지 않았다면 이것은 거의 확실히 과습에 의한 피해이고 아마도 뿌리나 줄기가 썩었을 것이다. 또한 지나치게 강한 광이나 가루깍지벌레(Mealybug)와 같은 해충이나 곰팡이(fungus)에 의한 피해이다.

- **병충해의 증상과 치료**: 수분의 감소(Reduce Hydration)와 광도의 증가(Increase Light), 줄기와 뿌리 부패병(Stem Rot, Root Rot), 해충과 곰팡이(Pests and Fungi) 편(94페이지)을 참조하라.

(2) 잎의 황화(Leaves turning yellow)

이것은 너무 강한 광이나 열, 혹은 추위와 수분이 부족할 때 발생하는 증상이다.

- **병충해의 증상과 치료**: 수분의 증가(Increase Hydration)와 광도의 감소(Decrease Light) 편(94페이지)을 참조하라.

(3) 새잎의 생장이 오래된 잎보다 밝아질 때(New leaf-growth is lighter than old)

몇몇의 경우 정상적인 경우도 있지만 더 강한 광을 필요로 하는 지표이다. 특별히 오래된 잎이 납작해지고 펼쳐지는 것을 동반할 때는 많은 에케베리아(Echeveria)나 셈퍼비붐(Sempervivum)들은 보다 더 빨리 광을 흡수할 수 있게 된다. 점차적으로 광의 정도를 높여가면 모양이나 칼라가 점점 더 좋아진다.

- **병충해의 증상과 치료**: 광도의 증가(Increase Light) 편(94페이지)을 참조하라.

(4) 다양한 색깔의 잎이 녹색으로 바뀔 때(Colorful leaves are turning green)

◀ 빛이 부족할 때 셈퍼비붐(Sempervivum)의 잎이 밝아지고 펼쳐지는 생장을 한다. 이는 더 많은 광을 필요로 한다는 사인(sign)이다.

위에서 설명한 기본적인 팁, 즉 색깔과 형태(Basic Tips-Color and Form) 편에서 다육식물은 판매점에서 집으로 가져온 지 얼마 되지 않아 때때로 그들의 고유한 밝은 색상을 잃는다. 이는 새로운 환경인 온도, 광 그리고 온실의 기상조건이 잘 맞지 않기 때문이다. 비록 정상적인 환경일지라도 그들 고유의 색을 유지하도록 잘 조절할 필요가 있다.

• **병충해의 증상과 치료:** 고유색 발현시키기(Color Repair) 편을 참조하라.

4) 잎에 생기는 반점과 흔적(Spotting/Scars on Leaves)

반점(spot)은 애매한 용어로서 여기서는 식물체에 고정된 피해로 깍지벌레와 같이 제거할 수 있는 해충의 피해가 아닌 것을 말한다. 만약 여러분이 물을 묻힌 면봉(Q-Tip)으로 제거하려고 해도 확실하지 않다(unsure). 반점들은 과습, 일소(sunburn), 저온 피해, 곰팡이나 해충과 같은 많은 원인들이 작용(signify)한다. 이런 반점들은 부풀어 오르거나 납작하거나 오목하게 파고들기도(concave) 한다. 반면에 어떤 외양(appearance), 색깔, 크기, 모양 등이 다양하게 나타난다.

(1) 작은 갈색 반점(Small brown spot)

주근깨(freckle)처럼 잎사귀에 산재하는 것은 부종(edema)을 나타내는데 세포가 너무 많은 물로 인해 터져서 생기는 것이다. 이런 부종도 부풀어 오르거나 납작하거나 오목하게 파고들기도 한다.

• **병충해의 증상과 치료:** 수분의 감소(Reduce Hydration) 편을 참조하라.

(2) 큰 갈색 반점(Large brown spots)

잎 표면이나 줄기 근처에 가까이서 갈색반점이 나타나면 종종 부종(edema)의 피해보다 더 크게 나타나거나 장기간 나타나면 잎에 강한 열과 빛에 의해 물이 있었다는 것의 사인(sign)이다. 보통 흉터(scarring)는 납작하거나 오목하고 흰색으로 바뀐다. 이럴 때는 해가질 때나 어두워질 때까지 기다렸다가 여러분의 다육식물에게 물을 주어야 한다. 만약에 해가 나는 날에 비가 오면 여러분은 이들 다육식물을 말리는 작업을 해야 한다. 다육식물의 작은 잎을 흔들거나 고무풍선이나 스포이드와 같은 바람을 부치는 터키 바스트(turkey baster)를 사용하여 잎에 붙어있는 물을 제거한다. 그렇지 않으면 여러분의 숨을 강하게 불어서 없애야 하는데 모든 다육식물을 다 그렇게 해야 하는 것은 아니니 너무 염려하지는 않아도 된다.

(3) 오목한 반점과 흔적(Concave spots and scars)

여러분의 식물체를 조금씩 손상시키거나 다른 방법으로 물리적 손상을 가하는 것이다. 예를 들면

▲ 강한 태양빛으로 인해 잎사귀에 남아 있는 물이 빠르게 화상을 유발시킨 모습

에오니움 '키위'(*Aeonium* 'Kiwi') 품종은 광에 의한 손상에 아주 예민하고 때때로 갈색의 흔적을 보여주는데 이는 자신의 잎은 물론 이웃하는 잎에서도 볼 수 있다.

- **병충해의 증상과 치료:** 해충(Pest)과 물리적 손상(Physical Damage) 편을 참조하라.

(4) 부풀어 오른 반점과 흔적(Raised spots and scars)

응애(mites), 깍지벌레(scale), 그리고 부종(edema) 등은 지나친 수분 때문에 나타난다.

- **병충해의 증상과 치료:** 해충(Pest)과 수분의 감소(Reduce Hydration) 편을 참조하라.

3. 줄기에 나타나는 증상(Signs in Stems)

줄기가 탁해지고 반투명(translucent)으로 되거나 연해지고 아래로 내려앉고 지제부로 늘어지면 줄기 부패병이거나 뿌리 부패병의 증상이다.

상처는 해충에 의해 야기될 수 있고 분갈이 과정이나 번식을 위해 잎을 자르거나 옮길 때 발생할 수 있다. 과도한 수분 공급과 배수불량은 또한 뿌리를 질식시켜서(suffocate) 부패를 유발하거나 죽게 만들 수 있다. 그리고 토양에 세균을 많게 하여 병을 유발시킨다.

▲ 짙은 부분은 *에케베리아* '크로마'(*Echeveria* 'Chroma')의 줄기가 부패된 것이다. 이것은 날씨가 아주 무덥고 습할 때 직접적으로 비나 물이 공급되면 발생한다.

• **병충해의 증상과 치료:** 줄기 부패(Stem Rot) 편(96페이지)을 참조하라.

4. 뿌리에 나타나는 증상(Signs in Roots)

뿌리가 마르고 떨어져 줄어드는 것(roots drying out and falling off)은 물이 부족하거나 혹은 많을 때 토양이 척박하고 뿌리에 깍지벌레가 있거나 식물체 건강과 관련이 있는 무엇인가가 있을 때 발생한다. 때때로 이런 것이 정상이고 식물생장의 과정일 수도 있는데 특별히 휴면기(dormant period)에는 뿌리에 어떤 처리를 하지 않은 경우에도 나타난다. 그러나 만약 여러분의 다육식물이 명백하게 생육이 불량하거나 뿌리에 문제가 있으면 여러분은 다육식물 화분을 뒤업고 싶을 것이지만 먼저 그 원인을 찾도록 노력해야 한다.

• **병충해의 증상과 치료:** 해충(Pest)과 수분의 감소(Reduce Hydration), 그리고 뿌리부패 편(Root Rot)을 참조하라. 그리고 다육식물의 기초(Basic Tips)으로 토양과 비료(Soil and Fertilizer) 편(33페이지)을 알아보라.

5. 곰팡이병에 의한 증상(Signs of Fungal Diseases)

1) 곰팡이(Fungi, 진균)

(1) 그을음병(Black Sooty Mold, 매병)

만약 여러분의 다육식물 잎에서 흙이 묻은 것 같이 보이거나 이들이 잘 씻겨나가지 않으면 그을음병에 걸린 것이다. 곰팡이가 깍지벌레와 같은 해충에서 분비되는 감로 성분을 먹기 때문이다. 포자는 해충이나 물방울, 바람 등에 의해 전파된다.

• 병충해의 증상과 치료: 곰팡이(Fungi) 편(98페이지)을 참조하라.

(2) 흰가루병(Powdery Mildew)

이 병을 일으키는 흰색 가루같은 곰팡이에서 이름이 유래되었고 식물체의 표피세포를 가해한다. 포자는 바람과 물에 의해서 전파된다.

• 병충해의 증상과 치료: 곰팡이(Fungi) 편(98페이지)을 참조하라.

6. 해충에 의한 증상(Signs of Common Pests)

1) 가루깍지벌레(Mealybugs)

이 가루깍지벌레 해충에는 약 300개의 타입(type)이 있다. 가루깍지벌레(mealybug)는 미국에만 있는 해충이다. 이 해충은 아주 작고 납작하며 달걀 모양의 타원형(oval-shaped)이다. 해충의 색은 흰색에서 밝은 노란색이다. 이들은 줄기 근처 잎, 잎의 아랫부분, 줄기에서 숨어 살고 있는데 개체나 그룹으로 관찰할 수 있다. 단지 수컷 성충(adult males)들은 날 수(fly) 있다.

이들은 때때로 흰색의 실(flakey) 모양이거나 솜털(cottony) 모양의 알 덩어리가 줄기나 엽마디(node)를 따라 볼 수 있다. 때때로는 이들이 펄라이트나 퍼미스(pumice)와 같은 인공토양의 작은 조각같이 보이기도 한다. 그러나 여러분은 면봉이나 연필심, 또는 부드러운 솔로 이 해충을 찔러보면 노란색에서 오렌지의 적색까지 혈액을 보고 이들을 규명해 낼 수 있다. 어떤 타입(type)의 깍지벌레는 뿌리 속에서도 살아가고 있어서 다육식물의 화분을 엎어보지 않으면 알 수 없는 것도 있다. 이들 토양 깍지벌레는 잎에 사는 흰가루 모양, 솜털모양의 것들보다 더 아주 작다.

여러분이 새로 다육식물을 구입하거나 가져올 때는 깍지벌레나 날파리, 개미 등 해충이 따라오는지 주의해야 한다. 이런 것들이 만약 따라오면 여러분의 기존 다육식물이 위협받을 수 있다.

◀ 번식을 위한 잎 아래 뿌리들 사이에 숨어 있는 가루깍지벌레 (mealybug) 모습

• **병충해의 증상과 치료**: 해충-깍지벌레(Pests-Aphids) 편(101페이지)을 참조하라.

2) 진딧물(Aphids)

진딧물들은 가루깍지벌레와 혼동을 일으키는 해충이다. 그러나 진딧물(mealies)이 보통 좀 더 크고 색이 진하며 더 활동적이다. 진딧물은 다육식물의 잎에 숨어 있는 답답한(tucked) 다른 해충과 달리 줄기나 꽃을 따라 모여 있는 습성이 있다. 반면에 가루깍지벌레는 진딧물보다 다육식물을 더 많이 가해하는 것으로 알려져 있다. 두 해충 모두 빠르게 번식하고 회복할 수 없는 피해(irreparable damage)를 끼친다.

• **병충해의 증상과 치료**: 해충-진딧물(Pests-Mealybugs) 편(100페이지)을 참조하라.

◀ 가루깍지벌레(mealybugs)보다 더 활동적인 노란색과 검은색 진딧물(Aphids)들

3) 거미 응애(Spider Mites)

토마토의 주요한 해충으로 어디에서나 볼 수 있는 거미 응애(spider mites)는 아주 작고 검은색에서 적색까지 여러 종류가 있는데 여러분이 잘 관찰하면 볼 수 있다. 이들이 치는 거미줄 얼룩(spot)으로 여러분은 바로 식별할 수 있다. 응애는 다육식물의 즙액을 흡즙하여 식물체를 약하게 만든다. 이들의 적인 포식자 응애는 비슷하게 보이지만 움직임이 더 활동적이고 빠르다. 혹응애(*Eriophyid mites*)는 혹을 만들거나 형태를 변형시키는 또 다른 응애이다.

• **병충해의 증상과 치료:** 해충-거미 응애(Pests-Spider Mites) 편(101페이지)을 참조하라.

◀ 거미 응애(Spider Mite)의 부화된 알과 거미줄의 모습

4) 개각충(Scale, 깍지벌레)

부드러운 다육식물보다 선인장(cacti)에서 더 일반적으로 발생한다. 여기에는 2종류의 주의해야 할 깍지벌레 해충이 있다(역자 주: 깍지벌레는 가락지모양의 깍지가 있어서 붙여진 해충이름으로 스케일(scale)이라고도 한다. 껍질이 단단하면 갑옷과 같다고 해서 개각충이라고 부르고 껍질이 부드럽고 솜같으면 솜깍지벌레라고 한다. 이 중에 가루같은 깍지벌레는 밀리버그(Mealybug)라고 모두 매미목에 속한다). 선인장 깍지벌레(*Diaspis echinocacti*)에서 암컷 스케일은 더 작고 짙은 색에서 연한 갈색까지 둥근 반점(circular spots)을 가진 독특하게 융기한 중심핵(raised nucleus)을 가지고 있다. 이들은 납짝한 따개비(barnacles)의 모양을 하고 있다. 수컷은 아주 극도로 작고 길며 흰색의 포복형(crawlers)이다.

◀ 손바닥선인장 패드(Opuntia paddle)를 가해하는 코치닐 깍지벌레(*Cochineal scale*)

• 병충해의 증상과 치료: 해충-개각충(Pests-Scale) 편(102페이지)을 참조하라

5) 연지벌레(*Dactylopius coccus*)

연지벌레는 부드러운 몸체로 손바닥선인장을 가해한다. 암컷은 작고 납작하며 타원형의 모습을 하고 있다. 때때로 반들거리는 흰색(waxy white)이나 솜털모양의 모습(cottony coating)을 지닌다. 수컷은 더 작고 날개가 있으며 관찰하기가 어렵다. 암컷은 오랫동안 사육을 했는데 이는 아주 밝은 적색의 염료(dye)인 카르민산(carminic acid)을 얻기 위해서였다. 그들은 포식자를 제어하는 물질로서 이를 생산한다(역자 주: 암컷 코치닐은 선인장에 기생하는 곤충으로 연지벌레(*Cocus cacti* 즉, 제목에 나오는 *Dactylopius coccus*와 같이 사용함)에 손바닥선인장의 줄기와 열매를 먹인 후 산란기 때 채집하여 찌고 말린 후 빻아서 가루로 사용한다).

▲ 손바닥선인장(Opuntia sp.)이 주 공격대상인 코치닐 스케일(Cochineal scale)

6) 버섯파리(Fungus Gnats)

이 파리류(gnats)들은 실내식물에서 잘 관찰이 되는 전형적인 해충이다. 작고 날아다니는 성충은 거의 피해를 끼치지 않는다(harmless). 그러나 이들이 습한 토양에 알을 낳는데 이들 유충(larva)이 버섯이나 뿌리털(root hairs), 그리고 다른 유기물을 먹어치운다. 알과 유충은 토양이 건조해지면 살아남을 수 없다.

7) 검정 왕개미(Black Carpenter Ant)

이 작은 개미들은 여러분의 다육식물을 직접 가해하지는 않는다. 만약 여러분이 다육식물에서 이들이 관찰되면 여러분은 가까이서 깍지벌레에 대한 것을 검사해 보아야 한다. 이것은 설탕 개미라고 불리기도 하는데 이들 분비물인 감로(honeydew)가 깍지벌레를 번성하게 만들기 때문이다. 이 개미들은 다른 해충으로부터 깍지벌레를 보호해 줄뿐만 아니라 이들을 존재하게 하는 것이 목적인 것처럼 보이기도 한다.

검정 왕개미는 깍지벌레의 분비물을 얻기 위해 이 해충을 죽이지 않고 오히려 유인하고 많게 하며 터전을 마련해 준다. 이 개미들은 이 해충을 건드리면서 이들이 분비하는 분비물 주스를 얻는다. 이 개미들은 이 깍지벌레 해충을 다른 식물체에 이동시켜 퍼뜨리기도 한다. 이들의 분비물인 감로는

▲ 감로를 얻기 위해서 깍지벌레를 건들이고 있는 검정 왕개미 (Black carpenter ant)

곰팡이들에게도 매력적인 영양공급원(먹이)이 된다.

그래서 이 개미들이 문제가 되는 것이다. 이 개미들이 직접 깍지벌레를 이끌고 다니는 것이다. 이 개미들은 또한 꽃가루 매개자(pollinators)이기도 해서 저자는 그냥 죽이는 것이 마음 내키지 않는 면도 있다. 저자는 아직도 무독성 농약(작물보호제)을 찾고 있다.

8) 달팽이류(Slugs and Snails)

밤에 이들이 나타나서 다육식물을 게걸스럽게 빠른 속도로 먹어치운다. 만약 여러분이 작은 구멍을 보거나 여러분의 식물체 잎사귀가 사라진 것을 보게 되는데 이것은 배고픈 달팽이와 민달팽이, 애벌레(caterpillar)들의 소행인 것이다. 번들거리며 악취가 나는 길(shiny slime trails)과 생선 냄새가 나는 길고 번들거리며 갈색의 배설물이 있으면 확실히 이 달팽이류의 피해 사인이다.

- **병충해의 증상과 치료**: 해충-달팽이류(Pests-Slugs and Snails) 편(102페이지)을 참조하라.

9) 애벌레류(Caterpillars)

저자가 다육식물에서 발견한 대부분의 애벌레들은 현관에서 포획한 나방류의 알에서 부화한 애벌레이다. 잎을 먹어치워서 사라지고 가지로부터 잎이 없어지고 가느다란 거미줄이 생기고 죽은 것들이 없어지는 것은 이들 애벌레의 피해 증상이다. 이 애벌레의 배설물은 짙은 색의 둥근 모양이고 겨자씨만한 크기이다.

- **병충해의 증상과 치료**: 해충-애벌레류(Pests-Caterpillars) 편(103페이지)을 참조하라.

10) 다른 정원 소동물(Other Garden Pests)

쥐, 토끼, 라쿤(raccoons), 그리고 새들은 여러분의 다육식물을 잘 먹어치울 수 있다. 다육식물의 뿌리가 뒤집혀져 보이거나 일사귀의 일부나 전체가 사라지거나 잎에 구멍이 나 있거나 긁힌(scrapes) 자국이 있으면 이들의 소행인 것이다.

- **병충해의 증상과 치료**: 가해-조수(Pests-Birds and Mammals) 편(103페이지)을 참조하라.

7. 관리와 처치(Take Action)

1) 증상에 따라 처치를 하는 행동요령

(1) 수분공급 증가시키기(Increase Hydration)

만약 여러분이 일주일에 한번 이하로 물을 주어 여러분의 다육식물 용토가 건조해지면 여러분의 다육식물은 더 많은 물을 필요로 할 수 있다. 여러분은 물을 준 후 수분이 넘치면 배수구로 물이 배출되는지 확인해 봐야 한다. 그러나 물을 너무 많이 주지는 말고 1주일(7일)보다 4~5일 간격으로 물을 주는 것이 좋다. 겨울에는 많은 다육식물이 휴면에 들어가므로 물을 많이 주지 않도록 주의해야 한다. 물을 많이 주면 생육을 자극할 수 있고 광이 부족한 상태에서 황백화현상(etiolation)을 유발할 수도 있다. 토양은 또한 더 오랫동안 건조하게 유지해야지 그렇지 않으면 다육식물이 부패할 수도 있다.

(2) 수분공급 줄이기(Reduce Hydration)

내부분의 환경에서 1주일에 한번 정도 물을 주면 토양이 건조해지고 하루나 이틀 정도 지나가면 수분이 부족한 상태가 될 지도 모른다. 만약 여러분의 토양이 마르지 않거나 화분(Pot)가 충분히 커서 문제가 되지 않으면 된다. 과도한 수분은 세균이나 곰팡이를 번식시키게 되고 모기나 각다귀(gnat)를 불러 오게 된다.

먼저 여러분의 토양이 배수가 빨리 되는지 확인하고 화분가 증발을 막지 않는지 알아보라(다육식물의 기초: 용기(Basic Tips: Containers) 편(40페이지)을 참조하시오). 일단 10일에 한번 정도로 물을 주어 빈도와 양을 줄이거나 많이 주는 것은 줄이고 대신 자주 물을 준다.

(3) 광도 증가시키기(Increase Light)

더 많은 빛을 공급하려고 할 때 여러분은 일조시간과 광도를 점차적으로 증가시켜 식물체가 적응하도록 해 주어야 한다. 그렇지 않으면 식물이 타거나 잎이 탈색되기도 한다. 만약 여러분이 다육식물을 화분에 심었다면 화분채로 하루에 1~2시간 정도 햇빛이 있는 쪽으로 옮기거나 1주일에 좀 더 햇빛을 쬐이는 시간을 줄인다. 그런 후에 약간 그늘진 곳으로 옮기거나 나무 밑이나 현관처럼 간접광(여과된 빛)이 있는 곳에 둔다. 밝은 빛에서 1주일 이상 많은 시간을 보내도록 하면 일소(sunburn) 현상이 나타날 수 있으므로 관심을 갖고 주시하도록 한다.

만약에 여러분의 다육식물 잎이 더 밝아지는 사인을 보이게 되면 그 다육식물은 잎이 데쳐지는(blanched) 현상으로 이는 너무 많은 햇빛이 빨리 조사되었기 때문이다. 위쪽을 좀 차광하여 타지 않도록 하고 잎에 과도한 물을 주지 않게 해야 한다. 만약 여러분이 다육식물을 노지에 심었다면 화분에 심었던 것과 같은 방법으로 처리하여 식물체가 건실해질 때까지 새로운 환경에 적응하도록 해야 한다. 그런 이후 다음 단계로 나가게 식물체를 관리한다. 만약에 식물체의 생육에 어려움이 있으면 그것을 해결하도록 하고 대책을 바로 세워야 한다. 그리고 자연광이 충분하지 않으면 인공광으로라도 잘 자라도록 해준다(다육식물의 기초: 광(Basic Tips: Light) 편(20페이지)을 참조하시오).

(4) 광도 줄이기(Decrease Light)

어떤 다육식물들은 간접광보다는 강한 광에서 잘 자라간다. '진주목걸이'라고 이름 붙여진 *세네시오 로우리아누스*(*Senecio rowleyanus*, 녹영금)나 *세덤* '뷰로 테일'(*Sedum* 'Burro's Tail')은 부분적이나 전광(full sun)에서도 잘 자란다. 광을 줄이는 동안 물도 줄여야 황백화현상(etiolation, 역자 주: 광부족으로 엽록체 형성이 억제되고 줄기가 길어지며 가늘어진다. 잎은 연녹색으로 되면서 낙엽이 지는 현상을 말함)이 발생하지 않는다. 토양이 더 오래 건조되어야 함을 기억하라. 그러므로 배수가 잘 되는 배지나 배수구를 더 좋게 하고 필요하다면 물을 줄일 필요가 있다.

(5) 고유색 발현시키기(Color Repair)

다육식물에게서 그들의 밝은 고유색상이 온실에서처럼 잘 나오지 않은 것은 이상한 일이 아니다. 다육 식물의 기초인 색깔과 형태(Color and Form) 편(16페이지)을 참조하시오. 여러분은 이들 색깔을 되돌리기 위해 몇 가지 방법을 동원할 수 있다. 온도를 올리면서 우리는 약간의 그늘을 만들어 줄 필요가 있고 물은 좀 더 자주 주는 것이 좋은데 이런 현상은 여름을 지나는 많은 다육식물들에게서 공통적으로 볼 수 있다. 이렇게 하면 스트레스를 줄이고 다육식물로 하여금 스트레스가 없을 때 그들의 일반적인 색깔인 녹색으로 되돌아가게 해준다. 강한 햇빛, 낮은 온도, 그리고 수분의 감소 등 스트레스는 다육식물의 색깔을 발현시키는데 필요한 조건들이다.

노지의 많은 다육식물 중에서 *에케베리아 푸르푸소룸*(*Echeveria purpusorum*)은 여름이 되면 그 식물의 고유색인 자줏빛을 띤(purply)다. 그래서 저자는 이 식물을 밝은 동쪽 창턱(window sill)이 있는 실내로 옮겼고 더 서늘하게 했더니 몇 주 후에 자색의 다육식물로 되돌아 왔다고 한다.

빛이 있는 조건에서 재배하는 것은 이러한 색깔을 유지하는 데 거의 유일한 담보조건(guarantee)이 된다. 그러나 여러분이 살고 있는 자연은 친절하게도 이런 조건을 아주 잘 충족시켜 준다. 약간 춥지만 햇빛이 좋은 초봄의 날씨는 활력이 있는 색상(vibrant hues)을 갖게 해주는데 따라서 일 년 중 고유의 색상을 되돌리는데는 초봄이 가장 좋은 기간이라는데 대부분의 애호가(재배자)들이 동의한다.

(6) 황백화현상의 치료(Etiolation Repair)

빛을 증가시키면 새로운 생장을 시작하는 다육식물은 좋은 이상적인 형태(ideal form)를 갖게 되고, 결과적으로 삽수(cutting)의 지상부 비율에서 줄기의 비율을 줄임으로 여러분이 원하는 최고 품질의 다육식물을 만들게 된다. 다육식물에서 지상부 절제방법은 삽수를 채취하는 방법과 같다. 이 책의 다육식물의 번식 내용 중 삽목(Make More Sucs: By Cuttings) 편을 참조하시오. 반면에 그것은 항상 필요한 것은 아니고 보통 단지 심미적인 선택(aesthetic choice)에서만 필요한데 황백화된 줄기들(etiolated stems)은 너무 약해서 여전히 직립하는 다육식물 지상부를 지탱할 수 없게 된다. 그러나 어떤 좋은 화분의 가장자리를 넘쳐흘러서(spill and trail) 자라갈 것이다. 일단 빛이 다시 적절하게 비춰면 이 다육식물은 그들의 방식대로 다시 사랑스럽게 잘 자라갈 것이다.

(7) 줄기 부패(Stem Rot)

줄기가 부패하면 그 위쪽을 잘라 다육식물을 다시 키워갈 수 있다. 여러분이 새로 자르는 부위는 갈색이나 투명한 외양의 증상이 나타나지 않은 건전한 삽수이어야 한다. 그런 특징은 녹색이고 단단하며 건강해야 한다. 이것은 다육식물의 줄기가 보이는 경우에 더 쉽게 할 수 있다. 이런 방법으로 교정하는 다육식물에는 알로에(Aloes), 하워디아(Haworthia), 그리고 선인장(cacti)들이 있다.

▲ 병에 걸린 *에케베리아* '크로마' (*Echeveria* 'Chroma')의 번식체를 채취하는 모습
저자는 삽수를 채취하고 뿌리가 나오기를 기대하고 있다.

◀ 줄기가 부패한 다육식물은 건강한 일부까지 잘라낸다.

알로에(Aloes)와 하워디아(Haworthia)에서 여러분은 화분를 뒤집어서(unpot) 줄기가 드러날 때까지 가장 낮은 잎을 제거한다. 여러분이 '어떻게 높게 필요한 부분을 자르느냐' 에서부터 건전하지 않은 부분 제거하는 것까지 결정할 수 있다. 이런 줄기들이 훨씬 더 두터워짐에 따라 이 번식체들은 더 오랫동안 건조시간이 필요할 것이다. 반드시 멸균된 가위를 사용하고 건강한 식물체까지 세균이 퍼지지 않도록 주의한다.

◀ 부패한 부분을 잘라내어 건강한 부분만 남은 삽수의 모습

선인장에서는 멸균된 날카로운 칼을 사용하고 부패된 부분의 위쪽을 깨끗하게 자른다. 토양에 심기 전에 몇 주 동안 자른 끝을 말리고 새 뿌리가 나올 때까지 물을 주지 않는다. 직사광선이 비춰지 않도록 유의한다. 반드시 두툼한 선인장이어야 할 필요는 없다. 그러나 키가 크고 기둥이 있는 품종을 여전히 좋은 기회, 특별히 뿌리가 나오기 좋은 생육기(봄)에 실시하는 것이 좋다.

(8) 뿌리 부패(Root Rot)

여러분의 다육식물을 화분에서 꺼내 뿌리에서부터 흙을 털어낸다. 다육식물을 부드럽게 끌어당겨(tug) 저항감을 갖는지 살펴본다. 만약에 쉽게 빠져 나오거나 건조하게 느껴지고 병이 있거나 썩었으면 여러분은 멸균된 가위(clippers)로 제거하거나 계속 줄기 부패가 진행될 것이므로 적절히 처치한다. 좀 시간이 지나면 여러분은 뿌리가 더 깊어지고 거의 가득 찰 때 보이지 않거나 일부 조금만 있게 되고 성기게(sparse) 된다는 것을 알게 될 것이다.

여러분의 다육식물이 다시 뿌리를 내려고 노력하게 될 때 오래된 흙을 씻어내고 다육식물을 건조시킨다. 다육식물의 기부에 여러분이 볼 수 있는 죽어가는 뿌리나 죽은 부분은 모두 잘라내고 종이로 채운 후 여러분이 볼 수 있는 줄기나 잎의 건강을 체크(monitoring)하는 동안 속이 빈 토기항아리에 넣어 말린다. 보기에 괜찮으면 새로운 뿌리가 나오도록 부드러운 마른 흙을 화분에 넣고 안착시킨다. 새로운 뿌리가 나올 때까지 물을 주지 않는다. 그렇지 않으면 식물체의 기부가 썩는다. 이런 과정은 적어도 한 달 이상이 걸릴 것이다. 만약 식물체의 뿌리가 나지 않으면 부패한 부분이 줄기로 퍼졌을지 모른다. 그러면 줄기 썩음병에 주의해야 한다.

2) 곰팡이(Fungi)

이미 기술하였듯이 진딧물과 가루깍지벌레의 분비물인 감로(honeydew)는 그을음병 곰팡이(Black Sooty Mold)의 먹이가 되고 토양에 더 많이 퍼지게 한다. 높은 습도와 빽빽하게 배치된 시설물들은 흰가루병(Powdery Mildew)의 생장을 촉진시킨다.

(1) 그을음병 곰팡이의 처리(Treating Black Sooty Mold)

먼저 여러분은 물로 감로(honeydew)의 모든 부분을 다 씻어내고 알코올로 닦아준다(rubbing alcohol). 여러분의 다육식물이 견딜만하면 강한 살수력(high-powered water)을 가진 호스 노즐(hose nozzle)을 이용해 처리해도 된다. 깨끗하지 않은 잎은 전정하거나 잘라버린다. 가루깍지벌레(Mealybugs), 진딧물(Aphids), 가루이(Whiteflies), 매미충(Leafhoppers), 그리고 깍지벌레(Scale)와 같은 해충으로부터 항상 주의 깊게 경계를 게을리 하지 않도록(vigilant) 하여 어떤 감로(honeydew)와 같은 분비물이 존재하지 않도록 해야 한다. 그러나 그을음곰팡이(sooty molds)는 직접적으로 다육식물을 감염시키지 않는다. 이 병은 광합성을 저해하고 해충에 대한 면역력을 약화시킨다.

▲ 흙처럼 보이는 그을음병 곰팡이는 가루깍지벌레나 진딧물이 분비하는 감로(honeydew)라고 불리는 분비물을 먹이로 하여 번식한다.

(2) 흰가루병의 처리(Treating Powdery Mildew)

여러분은 이 병원균을 분가루(farina)로 착각하지 않도록 주의해야 한다. 다육식물에서 흰가루가 자연적인 가루투성이(powdery)로 덮인다. 여러분의 다육식물이 견딜만하면 흰가루병균(mildew)을 강한 물살로 세척해 낸다. 만약 이것이 효과적이지 않으면 베이킹 소다(baking soda)와 물을 섞은 용액으로 뿌려 제거한다. 이것은 베이킹 소다 3테이블스푼을 3.8리터(1갤론)의 물에 넣고 액체비누(liquid soap) 몇 방울이나 캐놀라 오일(canola oil, 역자 주: 유채기름으로 캐나다산이라는 어원을 가지고 있음)을 넣어 잎에 잘 부착되도록 제조한다. 이 용액을 완전히 뿌리고 햇빛이 바로 비취지 않게 해야 하는데 그렇지 않으면 식물체가 햇볕에 타는 일소(볕데임) 현상이 생긴다. 우유와 물을 같은 양으로 섞어 처리하는 것도 한 방법이다.

흰가루병(Powdery Mildew)을 예방하기 위해서는 화분(pot)가 위치한 길을 따라 식물체 주변의 공기의 흐름을 좋게 해야 한다. 이 병은 광이 약하고 온도가 온화할 때 발병한다. 대부분의 다육식물이 그러하듯이 빛이 좋도록 광조건을 개선하고 감염(infect)을 막아야 한다. 흰가루병 의 포자는 온도가 32℃ 이상이 되면 발아를 멈춘다.

3) 해충(Pests)

아래의 여러 가지 해충 퇴치법을 참조하시오.

(1) 가루깍지벌레(Mealybug)

이 깍지벌레들은 크기가 아주 작기 때문에 잘 보이지 않아 무시하거나(punk) 으깨서(squash) 죽이기도 한다. 여러분은 나머지 이 벌레들은 발견하면 화분를 뒤집고(unpot) 화분에서 떨어지는 이 가루깍지벌레들이 다시 기어가고 숨는 것을 보게 될 것이다. 여러분은 또한 화분갈이를 할 때 뿌리에 감염여부를 조사하고 또 다른 문제가 있는지 조사해 보아야 한다.

먼저 여러분의 식물에 가루깍지벌레가 있으면 방제하는 동안 멀리 격리하여 다른 식물이 피해를 입지 않도록 하고 건전한 식물로 교체한다. 소형 분무기에 물 1분량과 알코올 3분량으로 된 용액을 만들고 여러분의 다육식물을 고정시킨 후 가루깍지벌레가 방제될 때까지 처리한다. 그러나 알이나 유충이 있을 수 있으므로 같은 용액을 화분을 거꾸로 한 후에 처리하거나 용액에 완전히 잠수시키는 것도 한 방법이다. 다육식물을 부드럽게 털면서(swish and swirl) 용액을 은신처의 구석구석(nooks and crannies)에 살포한다. 더 이상 깍지벌레가 보이지 않을 때까지 깨끗한 물로 씻어낸다.

◀ 알코올로 다육식물의 가루깍지 벌레를 방제하고 있는 모습

이렇게 처리한 후 다육식물을 직사광선이 없는 곳에 둔다. 여러분은 다육식물의 뿌리를 이 용액에 약 30분 정도 담가두면(submerged) 가루깍지벌레가 다 죽는다. 그들은 믿을 수 없을 만큼 좀처럼 죽지 않는(tenacious) 끈질긴 해충이다. 물속에서도 생존하므로 여러분은 다시 분갈이를 할 때 최선을 다해 박멸(eradication)하도록 한다. 때때로 저자는 하루나 이틀을 기다린 후 화분에 이 해충이 있는지 다시 점검한다. 용토를 교환하는 것이 좋은 아이디어인데 이는 여전히 해충이 주위에

숨어있기(lurking) 때문이다.

만약에 여러분이 이렇게까지 했음에도 여전히 가루깍지벌레가 보인다면 여러분은 알코올 원액이나 님오일(Neem oil)을 해당위치에 처리한다. 그래도 안 되면 강한 분무기로 침투이행성 살충제(systemic insecticide, 역자 주: 약제가 식물의 체내로 침투하여 전신으로 옮아가서 흡즙성 해충을 죽게 하는 농약)을 뿌려서 이들을 방제한다. 무당벌레(ladybugs)는 때때로 이 가루깍지벌레를 방제(control)하는데 유용하나 그 가루깍지벌레가 아주 작으면 이 훌륭한 무당벌레도 먹어치우지 못하는(overlooked) 경우가 있다. 감로(honeydew)를 분비하기 때문에 곰팡이가 있다는 것을 기억하고 이 가루깍지벌레를 완전히 잘 세척해 내어야 한다는 것이 아주 중요한 사실이다.

(2) 진딧물(Aphids)

여러분이 깍지벌레를 방제하듯이 여러분의 식물에 있는 진딧물은 더 크기에 잘 보이고 반복해서 이 진딧물을 완전히 방제(박멸)하기는 약간 더 쉽다. 무당벌레(ladybugs)와 풀잠자리 유충(lacewing larva)은 아주 많은 진딧물을 먹어치우는데 아주 효과적이다.

풀잠자리 유충(lacewing larva)은 아주 작은 곤충으로 썩은 유기물을 그들의 집으로 이동시킨다. 그들의 몹시 사나운(fierce) 턱(jaws)을 가지고 말이다. 이들은 무당벌레(ladybugs)의 유충과 상당히 닮았다. 여러분이 아마 이전에 이들을 보았어도 아마도 이들이 얼마나 여러분의 다육식물에 유용한지를 깨닫지 못했을지도 모른다.

풀잠자리 성충(adult lacewing)은 작고 밝은 녹색으로 투명하고 보기 좋은 날개를 가지고 있다. 이들의 알은 아주 특이한데(distinctive) 작고 희며 타원형으로 줄기에 보기 좋게 거미줄같이 달려있고 종종 나선형의 모습을 하고 있다.

(3) 거미응애(Spider Mites)

거미응애를 제거하는 가장 간단한 방법은 여러분의 다육식물 위에서 물을 주는 것이다. 몇몇 다육식물에서는 이런 방법은 바람직(ideal)하지도 않고 가능하지도 않다. 대부분의 경우 건조시키고 있는 동안에는 전광(full sun)이 아닌 한 큰 문제가 없다. 살충제 농약은 거미 응애에게는 잘 듣지 않는다. 이것은 거미(arachnid)이지 곤충이 아니기 때문(역자 주: 곤충은 머리, 가슴, 배를 가지고 있으면서 날개가 있는 곤충강이나 거미는 응애나 전갈이 속하고 있는 거미강으로 동물로 분류됨)이다. 그리고 실제적으로 그들의 자연포식자를 죽임에 의해서 번식이 크게 늘어나고 있다. 잎에 질소질 비료가 많으면 번식이 늘어난다. 즉 흡즙성 해충(leaf-sucking pests)은 이 영양성분에 의해 번식이 늘어난다. 살충제 기름이나 비누로 국부에 처리(topical treatment)를 하면 효과적이나 반드시 응애와 접촉이 되어야 이들을 죽일 수 있다. 그리고 식물체의 손상을 줄이기 위해서 잎은 반드시 세척해야 한다.

(4) 개각충(Scale, 깍지벌레)

깍지벌레(Scale)는 물만으로는 제거하기가 어렵다. 스프레이를 하기 이전에 알코올을 처리하거나 깍지벌레(Scale)를 벗겨내 처리효과를 높도록 해 주어야만 한다. 칫솔이나 면봉(Q-Tip), 또는 강한 살수를 하여 작고 납작한 해충을 씻어내야 한다. 다육식물을 완전히 헹구어 내고 다음 날도 반복해서 처리한다. 여러분은 다시 처리를 하려면 화분에 심지않고 며칠 동안 두어도 된다.

(5) 민달팽이와 달팽이(Slugs and Snails)

달팽이와 민달팽이는 야밤(nocturnal)에 활동한다. 저자는 그녀의 회중전등(flashlight)으로 밤에 이들을 몰아내는데 흥분을 금치 못한다. 이들은 낮에 비가 온 후에 슬슬 기어 나온다.

저자는 이들 달팽이를 죽이지 않는데 이는 울새(robins)나 찌르레기(starlings)와 같은 새들에게 좋은 먹이가 되기 때문이다. 어떤 오리(duck)의 종류는 달팽이의 군락을 정원이나 뒤뜰에서 적절하게 유지시키면서 먹이로 삼는다.

◀ 다육식물 줄기 뒤편에 숨어있는 달팽이의 모습

저자는 항아리에 좋은 먹이를 상금(bounty)처럼 주고 저자의 집에서 멀리 배치하여 두었다. 저자가 할 수 있는 한 가볍게 찰싹 그들을 때리거나 저자의 집으로부터 멀리 그들을 배치하였다. 여러분은 뚜껑이 있는 항아리로 트랩(lidded jar)을 만들거나 그들을 자연적으로 죽이고 싶으면 얼린다(freezer). 비눗물이 있는 버켓에 이들을 빠뜨려서 죽이면 좀 잔인하지만 효과는 좋다.

몇 가지 방법이 있기는 한데 화분나 정원의 베드를 따라 트랩(trap)을 사용하거나 달팽이가 싫어하는 구리로 된 테이프 끈과 같은 것으로 처리한다. 이런 것들은 그들이 접촉하는 순간 가벼운 충격을 준다. 여러분의 화분아래 거친 사포(sandpaper)를 두어 그들이 너무 거칠어서 기어가지 못하게 할 수도 있다. 저자는 2리터 정도 크기의 물통을 거꾸로 하여 안에 먹이를 넣고 트랩을 만들었다. 그것은 보기는 싫었지만 효과는 좋았다.

(6) 애벌레(Caterpillars, 유충)

곤충은 나방(moths), 나비(butterflies) 그리고 유충(larva, 애벌레)등으로 여러분의 다육식물에 알을 낳아둘 수 있다. 만약 여러분이 현관이나 집에서 이런 것을 관찰하였다면 여러분의 다육식물에서 이들을 잡아 죽이거나 없애야 한다. 애벌레들(caterpillars)은 그들의 위장술(camouflaging skill)로 교활하게(tricky) 생존해 간다. 잎가(엽연부), 잎의 아래, 줄기를 따라서 살펴보기 바란다. 만약에 여러분이 하나라도 발견하면 여러분의 식물에서 완전히 제거해야 한다. 만약에 포식자들에 의해 제거되지 않으면 이들이 우리에게 걱정을 끼치지 않을 만큼 충분한 거리에 멀리 떨어져 있어야 한다.

▲ 여러분이 잡으려고만 하면 추적하여 잡을 수 있는 애벌레, 검은 색은 이들 애벌레의 배설물(frass)이다.

구멍(hole)이 있거나 마르지 않은 상태이면 이들 유충이 여전히 근처에 있다는 좋은 증거이다.

(7) 조수(Birds and Mammals)

저자의 뒤뜰에는 많은 방문객, 즉 새와 다람쥐, 작은 쥐와 마우스 등이 있다. 저자가 보기에는 이들이 다육식물을 일부 먹어치우는(nibbling) 것으로 생각된다. 차를 한 잔 정도 마시는 기분같이 말이다. 그러나 이들은 생각보다 다육식물에 큰 손실을 끼친다.

저자는 더 맛있는 땅콩이나 곡식들을 제공한다. 대부분의 사람들은 배고픈 이 생물들과 다툰다(argue). 저자는 어느 정도 문제를 해결한 이후에 더 문제가 되는 것을 본적이 없다. 인조 뱀이나 올빼미(owls), 막대기에 걸린 긴테이프(streamers on sticks), 허수아비(scarecrows), 매운 스프레이(pepper spray), 말린 혈액(dried blood), 활발하게 움직이는 장치(motion activated devices) 등등 이런 것들은 야생조수들을 겁먹게 해서 쫓아내는데 사용하는데 다양한 방법이 동원된다. 그러나 단지 몇 가지만 오랫동안 효과를 발휘한다. 동물들도 똑똑해져서 일단 한번 인식하고 파악이 되고 나면 효과가 없고 다시 와서 다육식물을 먹어치운다. 그물이나 망과 같은 물리적인 장벽은 새나 조수로부터 여러분의 다육식물을 지키는 거의 유일하고 확실한 방법이다.

◀ 현관유리 너머에서 땅콩을 구하는 듯한 다람쥐의 모습

4) 물리적인 손상(Physical Damage)

만약에 여러분의 다육식물이 손상을 입으면 이들 다육식물은 박테리아에 감염될 위험성이 높아지고 많은 경우 썩게 된다. 부셔지거나 손상된 잎은 즉시 바로 제거하고 부분적으로 상해를 입은 줄기 부분도 전정한다. 여러분은 이 제거한 부분으로 번식을 시키도록 시도해 보라. 부드러운 잎을 화분에 심는 것은 피하는 것이 좋은데 끝이 가시처럼 뾰족한 다육식물인 알로에(Aloes), 유포르비아(Euphorbia), 선인장(cacti) 등의 경우가 그렇다. 햇빛에 의해 심각하게 고통받는 잎은 다시 건강하게 되돌리기 힘들므로 그들을 살리는데 에너지를 너무 많이 쓰지 않는 게 좋다. 즉 바로 건실한 새 것으로 바꾸는 것이 좋다.

제4장 기후와 지역별 관리(Regional Tips)

제4장 기후와 지역별 관리(Regional Tips)

1. 일반적 특성(Intro)

많은 다육식물 애호가들은 그들이 살고있는 지역과 환경에 기초한 재배와 관련된 많은 궁금한 의문점들을 가지게 되었다. 여러분의 정원이 위치한 지역의 내한성 재배지역도(hardiness zone)를 아는 것이 중요한데 이들 동일 재배지역도에서는 거리가 멀다고 다른 재배특성을 갖는 것은 아니다. 예를 들면 캘리포니아(California)와 플로리다(Florida)는 같은 9A지역(zone)에 속한다. 그럼에도 불구하고 동부해안지역인 플로리다의 선샤인 스테이트(Sunshine State)는 플로리다 서부 해안지역 골든 스테이트(Golden State)보다 강우량이 2배나 많다. 몇몇 나라들은 복합적인 기후(multiple climates)와 미기상(microclimates)을 그들의 지형(geographies)과 결부시켜 구체적으로 적용해야 한다. 많은 지역(regions)들에서 아주 다른 2가지 이상의 기후를 1년 내내 겪을 수 있다. 그래서 저자는 온도에 따라 분류한 재배지역도만 참고하기보다는 여러분의 지역에서 접하게 되는 특정한 기후와 시나리오(scenarios)를 만들어서 적용하면 많은 문제들이 해결되는(perks) 것을 볼 수 있을 것이라고 권고한다.

- 광 부족(Lack of Sunlight): 기후와 고도에 의해 영향을 받는다.
- 고온 다습(Hot-Humid): 아열대에서 열대까지 덥고 습기많은 여름이 문제이다.
- 고온 건조에서 반건조 지역(Hot-Arid to Semi-arid): 사막에서 중동지방까지 덥고 건조한 여름이 문제이다.
- 춥고 다습한 건조에서 반건조지역(Cold-Humid): 서리와 동결(freezing), 눈과 평균온도가 15℃ 이하 지역이 문제이다.
- 복합적 기후(Mixed): 위의 내용들이 혼재한 지역이다.
- 실내 환경(Indoors): 온도와 수분(강우)도 인위적으로 조절할 수 있다.

저자는 전 세계에서 다육식물을 지키고 유지하는 사람들을 시각화 해보기를 원했다. 그래서 어디든지 전화를 걸고 관심을 갖는 분들을 온라인 공공지도에 표시하였다. 저자는 또한 다육식물 공동체(succulent community)의 가까운 동지(like-minded)가 되기를 희망한다. 그리하여 그들 모두가 다른 분들에게 특정지역의 애로점을 질문하고 충고를 하며 외연을 넓혀가기를 바란다. 애호가들이 쏟아져 들어오고 투명해지면 국제적으로도 열정이 넘쳐날 것이다. 단지 남극대륙만(Antarctica) 제외하고 캐나다로부터 필리핀까지 말이다. 전 세계적으로 누군가 다육식물을 그곳에서 발견하고 집으로 가져와서 수백만의 사람들에게 기후적 어려움을 극복하고 이 다육식물을 사랑하도록 하는 소망을 가지고 있다.

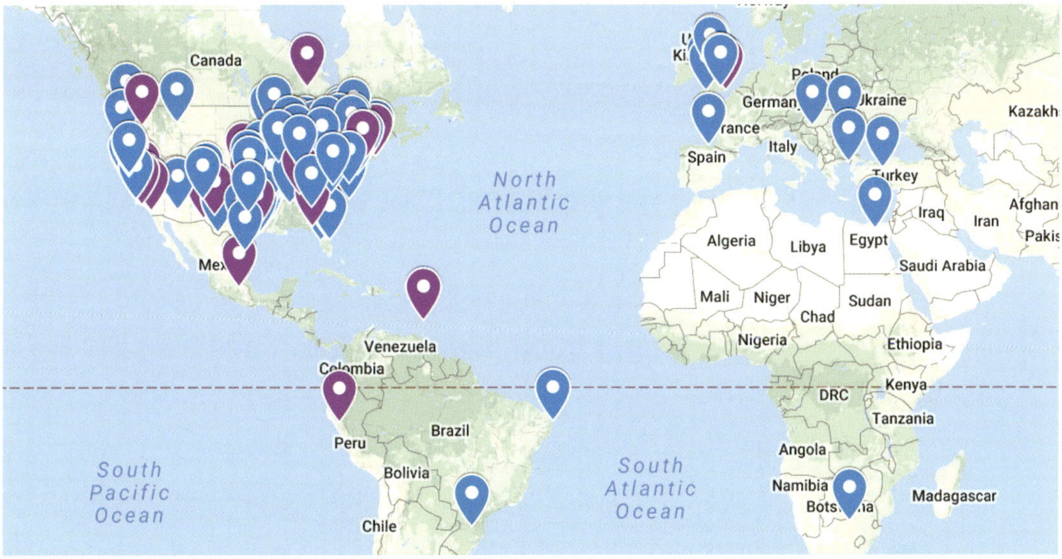

▲ 다육식물 애호가들이 거주하는 위치를 나타내는 지역지도

반면에 몇몇 수집한 종들은 실내나 온실에 1년 내내 유지해야만 할 상황인데 이는 너무 추운 경우가 많고 다른 이유로는 극한 더위나 습도, 장마나 우기, 다른 여러 가지 요구조건으로 인한 이유가 있다. 만약에 여러분이 일사나 온도 등 극한 기후에 대응하는 보호대책으로 실내에 이들을 둔다면 겨울만이거나 한여름, 이들 다육식물이 자라는 것을 멈출게 할 필요는 없다. 여러분은 선반이나 시렁과 같은 시설물을 필요로 할지 모르지만 쉽게 조달이 가능하다.

2. 햇빛이 부족한 지역(Lack of Sunlight)

- 지역(Examples): 구름이 자주 끼는(overcast) 지역, 고지대 지역(high latitudes), 실내재배 등
- 부족한 환경(Challenges): 다육식물의 형태유지의 어려움, 개화에 필요한 광량 부족
- 추천 종(Suggested species): 산세베리아(Sansevieria), 세네시오 '스트링 티어' / '레인드롭' (Senecio 'String of Tears/Raindrops'), 짙은 녹색의 하워디아(Haworthia), 그리고 알로에(Aloes) 등이다. 그러나 이런 종류의 다육식물들도 여전히 5시간 이상의 광을 필요로 한다.

• 재배가 어려운 종(Difficult species): 선인장(cacti), 에케베리아(Echeveria)로 광도가 적절해야 색깔과 무늬가 잘 발현되기 때문이다.

저자는 가장 넓은 지역에서 가장 큰 문제점은 빛이 부족하다는 것이므로 매스컴이나 SNS에서 이에 대한 질문에 대해서는 가지를 바싹 쳐서 빛이 잘 들어오게 하라고 조언한다. 미국의 애리조나나 캘리포니아에서는 역으로 빛이 너무 강해서 탈이기도 하다. 여러분은 어떤 그룹에 속하는지 모르지만 좀 친숙하게 들리지 않는가?

• 여러분의 다육식물이 너무 덥거나 너무 추운데 있으면 실내로 들여다 놓으라. 그런데 그러면 빛이 부족할 수 있으니 주의하라.
• 여러분의 사는 곳이 구름이 자주 끼어서 빛이 약하지 않은지 주의하라.
• 여러분의 다육식물 재배장소가 햇빛이 좋으면 야외 노지에 키워도 강우로부터 굳이 보호할 필요는 없다.

저자는 여러분이 이런 한두 개의 시나리오(scenarios)로 상황을 유추하여 보고 적어도 3개 중에 하나의 상황에는 맞게 되어 있게 된다고 말한다. 이런 몇몇 해결책만으로 새롭게 식물의 구입이나 고생함이 적어도 재배가 가능하다. 저자는 결코 여러분을 상대로 잘 자라고 있는 여러분의 다육식물을 힘들게 하는 것을 극복하라고만 주장하지 않는다. 단지 이런 방법을 따라서 하다보면 많은 교훈과 배움이 있기 때문이다. 사실 여러분은 여러분의 사랑하는 다육식물이 지나친 열이나 비, 습도와 손상에 의해 죽는 것을 볼 수 없기에 이들을 보호하고 관리하기 위해 역할을 다해야 한다.

만약에 여러분이 기후나 지역의 어려움에도 불구하고 그들을 사랑해서 재배하기를 원한다면 여러분은 자연의 어머니(Mother Nature) 역할을 받아들여야 한다. 여러분은 여러분의 지역과 정확히 정반대가 되는 기후 조건을 만들어 주어야 할지도 모른다. 그래서 미국 뉴욕의 브루클린(Brooklyn) 아파트에서 여러분의 다육식물을 위해 아프리카나 중앙아메리카의 온도와 광도조건을 도입해야 할지도 모른다. 즉 어떻게 이런 기후 조건을 효율적으로 만들 수 있을지 고민해야 할지 연구해 보아야 하지 않을까?

1) 식물의 선택(Plant Selection)

대부분의 다육식물이 잘 자라려면 하루에 최소한 6시간의 빛을 필요로 한다. 그러나 그보다 좀 더 적어도 일반적으로 잘 자란다. 저자는 쉽게 자라고 빛이 좀 적어도 형태가 흐트러지지 않은(여러분이 보광을 하는 것 까지도 포함하여) 다육식물 종을 구입하라고 권한다. 저자가 추천하고 제안하는 내용은 다육식물 구입안내(Buying Guide: Plants) 부분(162페이지)을 참조하기 바란다.

▲ 부분 일광(part sun)에서도 잘 자라는 *알로에* '블리자드'(*Aloe* 'Blizzard')와 *알로에 브레비폴리아*(*Aloe brevifolia*)

2) 보광등(Grow Lights)

우리는 기후를 조절하기가 어렵다. 그래서 인위적인 보광 외에는 매일 충분한 광을 제공할 수가 없다. 이 인위적인 보광이 없이 매일 충분한 광을 제공하려면 여러분의 다육식물을 야외로 옮겨야 하지만 추운지방의 대부분 사람들에게서 중요한 문제이나 쉽지 않은 일이다. 저자는 말하기를 햇빛이 날 때 햇빛을 받으며 여러분의 정원에서 즐기라고 말한다. 여러분은 흐린 기후에 대하여 걱정할 필요가 없으니 이를 즐길 수 있을 것이다. 만일 여러분이 고위도 지방에 산다면 태양이 1년 내내 계속해서 비치지는 않는다. 여러분은 여러분 자신이 빛을 조절하는 주인이 되어야 한다. 빛을 보충하는 보광등은 여러분이 작업하는 공간이나 예산을 고려하면 더 에너지가 효율적으로 이용되므로 투자할만하다.

다육식물의 기초: 광(Basic Tips: Light) 편(20페이지)을 참조하시오.

3) 비가림 시설과 온실(Cold Frames, Greenhouses)

만약에 여러분이 야외에 빛을 잘 받을 수 있는 공간이 있다면 여러분의 다육식물을 너무 춥게 하거나 비를 많이 맞히지 않도록 해야 한다. 덮개를 가진 시설물은 다육식물의 안식처(haven)가 될 수 있다. 그것은 이동식에서부터 반영구적이거나 영구적인 쉼터로 만들 수 있다. 여러분의 계획이 조립식을 사든지 직접 만들든지 간에 여러분은 필요하다면 부가적인 난방이나 공기순환을 할 수 있도록 해주어야 한다.

4) 화분 돌려놓기(Turn Your Pots)

마지막으로 저자가 기술한 기본적인 팁들: 광(Basic Tips: Light) 편을 참조해 보라. 만약 여러분의 다육식물들에게 자연적으로 빛이 줄어들면 여러분은 화분을 돌려놓아서 빛을 받게 하면 더 균형지게 잘 자랄 것이다. 사실 이것은 직사광선하에서 자라지 않은 여러분의 식물들에게는 적용하기에 좋은 아이디어이다. 빛이 줄어들면 다시 강해질 때까지는 물과 비료를 주지 않아야 한다는 것을 기억해야 한다. 만약에 여러분이 사는 곳의 기후가 다육식물이 자라기 좋은 계절이면 야외에 두고 햇빛은 견딜만한 정도까지 노출시키고 신선한 공기를 충분히 씌어 준다. 그러나 온도가 그리 높지 않아도 잘못하면 햇빛으로 인해 손상이 쉽게 발생할 수 있다는 점도 유의하라.

병충해의 증상과 치료: 광도 증가시키기(Succulent SOS: Take Action-Increase Light) 편(94페이지)을 참조하라. 그리고 만약 여러분의 다육식물이 광부족으로 줄기가 길어지거나(leggy) 황백화(etiolated)되면 다육식물의 병충해의 증상과 치료: 황백화현상의 치료(Succulent SOS: Take Action-Etiolation Repair) 편(96페이지)을 참조하라.

▲ 한쪽으로 빛이 들어와서 편향되게 자란 다육식물, 해결책은 화분을 주기적으로 돌려 놓으면 된다.

3. 고온 다습한 지역(Hot-Humid)

- 지역(Examples): 멕시코만 연안의 주(Gulf Coast states); 미국 남쪽 애틀랜틱 주(South Atlantic states); 하와이(Hawaii); 멕시코 중부(Central Mexico); 우루과이(Uruguay); 잠비아(Zambia); 바르셀로나(Barcelona); 이탈리아의 밀라노(Milan); 필리핀(Philippines); 호주 브리즈번(Brisbane) 등이 있다.
- 좋은 기후(Perks): 연중 햇빛이 잘 들고 온화한 기후가 좋다.
- 좋지 않은 기후(Challenges): 덥고 다습하며 구름이 끼고 비가 오는 기후와 겨울에 동결 가능성이 있는 기후지역이다.
- 추천 종(Suggested species): 칼랑코에(Kalanchoes); 하워디아(Haworthia); 알로에(Aloe); 에케베리아(Echeveria); 유포르비아(Euphorbia); 스타펠리아(Stapelia); 에피필룸(Epiphyllum); 오푼티아(Opuntia, 손바닥선인장); 세레우스(Cereus) 등이 있다.
- 재배하기 어려운 종(More difficult species): 에오니움(Aeonium); 셈퍼비붐(Sempervivum); 크라슐라(Crassula); 리돕스(Lithops); 코틸레돈(Cotyledon) 등이 있다.

어떤 지역은 보광이나 다른 조절이 없이 재배하기는 불가능한 다육식물 종이 있다. 온도가 아주 높거나 낮은 곳, 구름 낀 날이 아주 긴 곳, 비가 너무 많이 오는 곳은 일단 다육식물의 재배에는 문제가 있는 곳이다. 텍사스의 휴스턴과 같은 강으로 둘러싸인 도시(Bayou city)은 저자가 오랫동안 살아온 곳으로 정말 다육식물 재배하기에 어려움이 많다. 저자가 사는 휴스턴은 더울 때는 5월에 32℃로 아주 덥고 9월까지 시원해지지 않는다. 그럼에도 우리에게는 아주 행운이라고 저자는 말한다. 습도는 더운 온도에도 아주 높다. 비는 계속 온다. 어떤 다육식물은 그러한 열기에 아랑곳하지 않지만 높은 습도에는 견디지 못한다. 이들 다육식물은 환각제를 먹은 것 같이(freak out)되어 한여름의 정점을 지나게 된다.

저자는 이런 습도를 극복하도록 가능한 한 유기물이 거의 없도록 용토를 제조하여 사용하였는데 이는 배수가 잘 되도록 만들었다는 것을 의미한다. 저자가 처음 만든 혼합 용토는 표토(topsoil)와 배수가 잘되는 물질을 같은 양으로 제조하였다. 지금은 표토를 1/4로 섞어 사용한다. 갈색을 띠는 유기물들은 수분보유력이 높아진다. 그래서 갈색의 흙일수록 더 오랫동안 건조를 시켜야 한다. 습한 기후에서는 여러분의 다육식물이 빨리 마르지 않게 된다. 배수가 잘 되는 물질이 다육식물에게 친구가 되므로 특별히 덥고 습한 지역에서 여러분은 이런 용토 재료를 찾아 집으로 가져올 필요가 있다. 또한 복토를 하는 것도 여러분의 화분이 과습하게 되는 것을 막을 수 있다. 퍼미스(Pumice)와 터페이스(Turface)는 다공성 토양으로 습한 토양과 접촉하는 하위 엽을 보호하는데 최적이다.

▲ 여러 가지 돌과 아쿠아리움 자갈로 표토를 덮은 저자의 다육식물 모습. 저자는 상처가 난 곳에 퍼미스(Pumice)를 가지고 자갈을 대체했다.

높은 습도는 10도 이상 온도를 더 높게 느끼게 한다. 만약 여러분이 실내에서 빛이 적으면 너무 많은 열과 직사광선으로부터 여러분의 다육식물을 보호해야 할 것이다. 공기순환은 여러분의 다육식물로부터 습기를 제거하는데 중요하다. 그들을 약간 서늘하게 유지하라. 저자는 5월에서 8월 하순까지 진동하는 전기 팬을 1~2개 현관의 서쪽 스크린 쪽에 설치하였다. 또한 흰색의 커텐

▲ 스크린이 설치된 현관에 커텐 패널(curtain panels) 모습

패널(panel)로 직달광이 바로 비치지 않도록 걸러주었다(filter). 저자는 화분을 옮겨 여름에 햇빛을 따라 기어오르며 자라는 것을 막았다.

만약에 여러분이 너무 구름이 낀 날이 많았다는 사실을 유추해서 안다면 여러분의 다육식물은 더 많은 빛을 요구한다. 이것이 일차적인 이유이기에 저자는 집으로 다육식물을 가져오고 인공광을 비춰준다. 황백화현상을 줄이거나 예방하기 위해서는 하늘이 다시 맑아질 때까지 다육식물의 자람을 다소 억제시켜 주어야 한다. 물을 주는 것은 생장을 촉진시키게 되므로 물을 주기 전에 일기예보를 확인하는 것이 좋다. 만약에 2~3일간 계속해서 구름이 끼는 주간이라면 비료를 주지 말고 반드시 날이 좋아질 때까지 기다리는 것이 좋다.

4. 고온 건조 지역(Hot-Arid)

- 지역(Examples): 텍사스 서부지역; 애리조나; 네바다; 남캘리포니아; 멕시코의 치와와(Chihuahua); 멕시코의 소노라 사막(Sonora); 룩소르(Luxor, 이집트 공화국 남부); 자이푸르(Jaipur, 인도 라자스탄주의 주도); 알제리; UAE; 앨리스 스프링스(Alice Springs, 오스트레일리아) 등이 있다.
- 좋은 기후(Perks): 과습으로 인한 부패병을 줄이고 해충의 밀도를 감소시키며 충분한 일광이 비치게 한다.
- 좋지 않은 기후(Challenges): 덥고 장기간의 가뭄 후에 강우와 겨울에 동결 가능성이 있는 기후이다.
- 추천 종(Suggested species): 에케베리아(Echeveria); 에오니움(Aeonium); 선인장(cacti); 알로에(Aloe); 아가베(Agave); 유카(Yucca) 등이 있다.
- 재배하기 어려운 종(Difficult species): 약하게 그늘진 기후가 필요할 수 있는 종으로 하워디아(Haworthia); 가스테리아(Gasteria); 유포르비아(Euphorbia); 크라슐라(Crassula); 에피필름(Ephiphyllum); 게발 선인장(Schlumbergera); 세덤 '진주 목걸이'(Sedum 'String of Pearls')이 다육식물; 무늬종 식물들(variegated plants); 작고 어린 다육식물이다.

다육식물은 햇빛이 강하고 비가 적은 건조기후에 발달한 식물로 캘리포니아, 오스트랄리아, 남아프리카와 같은 지역에 잘 자란다. 아직까지는 많은 강우와 무더위, 심지어 동결온도까지도 해결해야만 다육식물의 천국을 만들 수 있다. 최근 2년만 보면 북캘리포니아는 이러한 이상기후 3가지가 모두 나타났다. 기록적인 무더위와 강우가 늦겨울 동결 이후에 찾아왔다.

저자는 다육식물들이 건식정원(xeriscaped gardens)을 사랑하는 경향이 있기에 걱정이 되었다. 저자는 너무 많은 비가오면 다육식물에 미치는 영향을 너무나 잘 알고 있는 터라 특별히 즉시 배수가 되도록 해주었다. 처음에 그들은 기대하지 않았던 강우를 정말 좋아하는 것으로 생각하고 흥분되었다. 그러나 이내 햇빛이 비치고 이들이 좋지 않다는 것을 알게 되었다. 확실히 비 때문에 손상을 입고 사라진다는 것을 보고 익히게 되었다. 햇빛에 타고 과습된 다육식물은 해충이 창궐하게 되고 궁극적으로는 겨울이 와서 동결이 되면 저자의 북서쪽 칼리(Cali, 콜롬비아 남서부의 도시)에 있는 다육식물 친구들은 생존을 위한 투쟁을 하게 되는 것이다.

◀ 비가 온 이후에 이어지는 강한 일사로 죽은 다육식물 잎들

다육식물은 오랫동안 가장 강한 햇빛에 노출되어도 되는 식물이다. 그들도 고온에서 직달광에 견디기는 어렵다. 우리는 사막에 사는 강한 햇빛을 좋아하는 선인장이라고 생각하기 쉽다. 그러나 이들 선인장까지도 다른 식물들 밑이나 바위 아래에서 무더운 햇빛으로부터 보호를 받으려고 무던히 애를 쓴다. 이들 다육식물들이 극단 환경에서 잘 살아가는 것 같지만 실제적으로는 적당한 쉼터(shelter)를 찾는다. 사람들과 마찬가지로 대부분의 다육식물들은 8℃ 이상이 되면 그들의 전체적인 에너지 능력을 다 쓰지 않고 보존하려고 애를 쓴다.

건조한 기후지역에서 온도가 올라가면 여러분의 다육식물들을 보호하기 위해 오후에는 태양을 직접 받지 않도록 하는 그늘막이 필요할 수 있다. 차광막이나 사막에서 강한 햇빛에도 잘 자라는 다육식물로 가림막을 만들어 직달광을 막거나 여과시켜줄 필요가 있다. 환풍기를 돌리는 것도 하나의 방법이 될 수가 있다.

만약에 비가 온 후에 햇빛이 계속해서 비취면 여러분은 다육식물이 마르기 때문에 좋아할 수도 있지만 예민한 다육식물은 블로어(blower), 팬(fan), 혹은 다른 방법으로 물을 털어내어야 타지 않는다(scorching). 만약에 건조한 기후에 습관이 된(적응된) 여러분의 다육식물에 많은 비가 오면 여러분은 화분의 흙을 파내거나 분갈이를 해주어 다시 건조한 상태가 되도록 해 주어야 한다.

만약 서리가 오거나 영하로 떨어지면 바로 여러분의 다육식물을 실내로 옮기고 물을 주는 것을 멈추며 서리방지용 천(frost cloth)으로 덮어준다. 다음 장에 나오는 지역 팁: 추위 편을 참조하여 보호하면 된다.

5. 저온 다습, 반건조에서 건조지역(Cold-Humid, Semi-Arid to Arid)

- 지역(Examples): 온도가 15℃ 이하 지역으로 서리나 동결, 눈이 오는 지역이다.
- 좋은 기후(Perks): 칼라가 좋은 다육식물이 가능하고 해충이 적으며 버날리제이션(vernalization, 준화처리)으로 꽃이 잘 핀다.
- 좋지 않은 기후(Challenges): 동결과 서리가 있으며 생장이 느리다.
- 추천 종(Suggested species): 아가베(Agave); 셈퍼비붐(Sempervivum); 유카(Yucca); 돌나물(Stonecrop)인 세덤(Sedums); 선인장(cacti)은 멕시코나 남아프리카의 추운지역에서 자란다.
- 재배하기 어려운 종(Difficult species): 에케베리아(Echeveria); 알로에(Aloe); 칼랑코에(Kalanchoe); 리돕스(Lithops) 등이다.

반면 소수의 다육식물들은 서리나 추위에도 잘 견디는 것으로 알려져 있는데 여러분이 사는 지역의 내한성 정도를 이해하는 것은 중요하다. 만약에 여러분이 다육식물을 주문할 때는 이런 온도 요소를 체크해야 하고 어렵게 구입하기 이전에 재배하였던 지역의 내한성과 유사한 지를 살펴보아야 한다. 가끔씩 영하로 떨어지는 온화한 겨울을 가진 지역에 산다면 여러분의 다육식물은 연중 저온지역에서 사는 것보다 조금만 온도가 낮아져도 타격이 올 수 있다. 몇몇 다육식물들은 영하에도 잘 견디지만 비가 와서 물로 포화된 경우에는 문제가 되므로 셈퍼비붐(Sempervivums), 돌나물(Stonecrop)인 세덤(Sedums)을 선택해서 배수가 빨리되는 높은 지역의 돌 틈에 심는다. 어떤 아가베(Agave) 종들은 물에 찌들리지만 않으면 눈(snow)에 묻혀서도 생존하고 영하의 온도에서도 잘 견딘다.

만약에 서리가 오고 얼음이 얼며 눈이 내리는 것이 일반적이거나 그럴 가능성이 있는 지역은 실내에서 월동대책을 강구해야 한다. 지역 팁: 실내식물 편(indoors)을 참조하라. 화분에 심겨진 다육식물은 추위에 더 민감하지만 쉽게 안으로 이동시킬 수 있고 서리방지용 거적으로 보호하기도 좋다. 대부분의 부드러운 다육식물은 서리에 저항성이 약한데 단지 몇몇 종류만 노지에서 월동을 할 수가 있다. 이들은 온도가 5℃에서 단지 몇 시간만 견딜 수 있다. 건조한 토양에서 다육식물은 물기가 많은 토양에서보다 추위에 더 잘 견딘다.

◀ 추위에 강한
세덤 루페스트레 '안젤리나'
(*Sedum rupestre* 'Angelina')

여러분은 가을에서 겨울을 지날 때 비료나 물을 주지 않도록 아주 극도의 주의를 기울여야 한다. 왜냐하면 이 시기에는 다육식물이 생장을 하지 않고 또 물을 주기를 바라지도 않기 때문이다. 실내에서 이제 야외로 다육식불을 옮길 때는 잎이 타지 않으면서 빛에 적응하도록 천천히 빛을 증가시킨다. 병충해의 증상과 치료: 관리와 처치–광도 증가시키기(Succulent SOS: Take Action–Increase Light) 편(94페이지)을 참조하라.

지난해 겨울 휴스톤(Houston)에 눈이 왔을 때 온도가 단지 3시간 동안 0℃ 아래로 떨어졌을 뿐인데 아무도 정말 눈이 올 것이라고 생각하지 않았다. 그래서 저자도 뒤뜰 큰 화분에 심겨진 *그랍토페탈룸 파라구아이엔세*(*Graptopetalum paraguayense*)와 손바닥선인장(Opuntia)에 거적을 덮지 않았다. 그런데 글쎄 어느 날 아침 일어나보니 흰 눈으로 뒤덮여 있었다. 저자가 들은 바로는 눈은 오히려 아주 추운날 좋은 보호막이 될 수도 있다고 하여 그대로 두었다. 눈이 녹았을 때 저자는 바로 뛰어나가 다육식물을 체크하였는데 다행히도 무사하였다. 며칠만 더 차가운 날씨가 지속되었으면 문제가 생길 뻔하였다.

저자의 예민한 성격이 다육식물을 재배하는 데는 좋은 것이었는데 지난해 겨울이 길고 상당히 추운 날씨가 여러 번 나타났다. 이것은 멕시코만 지역(Gulf Coast region)에서는 좀 예외적인 것이었다. 계속적으로(incessantly) 비가 오고 온도는 연속적으로 3일 동안 –4℃ 이하로 떨어졌다. 저자의 온화한 온도를 좋아하는 다육식물이 견딜 수 있는 최저온도를 벗어나는 저온이었다. 저자가 생각에는 보온막을 쳐주고 노력했지만 피해가 컸다. 반면 그랍토페탈룸(Graptopetalums)은 아무 탈 없는(unscathed) 상태로 생존하였다. 동결시키는 온도는 저자의 노지에 있는 야생이나 열대의 다육식물을 얼려서 아이스캔디 모양(popsicles)을 만들었고 결국 그들은 얼어 죽었다.

◀ 영하의 온도에서 동사한 *세덤 루브로팅크툼* '젤리 빈'(*Sedum rubrotinctum* 'Jelly Beans')

만약 여러분의 다육식물이 동결(frozen)되고 그 후에 녹았다면 저자는 결코 그렇게 되기를 희망하지 않지만 다육식물은 반투명하게(translucent) 될 것이고 그 후에 꺼지고(slumping), 늘어지고(sagging), 즙액이 줄줄 분비(oozing) 되는 등의 증상이 보일 것이다. 그러면 모양은 보기에 나빠지고 이들을 깨끗하게 하기 위해 닦아주면서 역겹기(yuckier)까지 할 것이다. 먼저는 이들 다육식물들이 비실비실하게 될 것이다. 열에 잘 견디는 종들은 칼랑코에(Kalanchoes), 알로에(Aloes), 젤리빈 세덤(Jellybean Sedums), 그리고 *세네시오* '블루 초크 스틱'(*Senecio* 'Blue Chalk Sticks')과 같은 것들이다. 저자의 충고는 여러분의 즙이 많은 종(juiciest)들을 먼저 보호하라는 것이다. 저자는 운이 좋게도 그녀의 집 서쪽 담벽 근처에 베드를 덮었다. 그리고 또 다른 손바닥 선인장과 뒤뜰에서 생존을 하지 못하는 다른 다육식물 몇몇을 취급하였다. 집의 온기와 벽이 바람으로부터 다육식물을 보호하였다. 그러므로 만약 여러분이 일시적 한파(cold snap)로부터 바깥에서 여러분의 다육식물을 두어야 한다면 여러분의 집 가까이 두도록 노력하라. 남쪽이나 서쪽벽이 더 좋은데 이는 북쪽이나 북동쪽으로부터 오는 찬바람을 막는데 효과적이다. 이런 지식을 여러분이 정원을 만들 때 적용하면 좋을 것이다. 지면에 가까이서 재배하는 다육식물(In-ground Succulents) 편을 참조하시오.

지난해 겨울은 길었는데 감사하게도 아주 심한 동결온도 이하로 내려가지 않았다. 이런 추운 기간들이 봄에 개화기가 되면 더 꽃이 많이 피는 춘화처리 효과를 낼 것이다. 이 다육식물들은 모두가 한꺼번에 꽃이 피기를 기대한다. 그동안 몇 년이 지나도록 꽃을 피우려 노력했으나 피우지 않았던 다육식물까지도 말이다.

1) 저온다습(Cold/Humid)

이것은 다육식물에게서는 가장 어려운 조건일 것이다. 습기는 추위에 대한 피해를 증가시킨다. 여러분은 팬을 돌려 습기를 제거하고 그들의 잎에 서리가 내리지 않도록 해야 한다. 이때가 이들 다육식물들을 실내로 가져와야 할 때이다.
기후와 지역별 관리: 건물의 실내(Regional Tips: Indoors) 편(119페이지)을 참조하시오.

2) 저온 건조나 반건조(Cold/Arid to Semi-Arid)

이런 경우는 다육식물에게서 발색이 잘되는 최적의 조건이다. 만약 온도가 너무 낮으면 여러분은 다육식물들을 따뜻한 실내로 옮겨야 한다.
기후와 지역별 관리: 건물의 실내(Regional Tips: Indoors) 편(119페이지)을 참조하시오.

6. 혼합기후 지역(Mixed)

저자나 우리들 대부분은 가을이 이 경우에 해당한다. 더운 여름과 동결이나 눈이 내리는 겨울의 어려움이 여기에 해당한다. 여러분은 건조기와 우기를 모두 가지고 씨름하는 경우를 접했을 것이다. 1년 내내 여러분의 기후에 관련하여 여러분이 조정을 하며 맞추어야 한다. 날씨가 기복이 심한 것은 일반적인 현상이고 여러분은 이런 기상 요소들 속에서 대충 그때그때 봐가며 여러분의 다육식물들을 잘 보호하도록 준비하고 노력하여야 할 것이다.

미국의 예를 들면(Examples)

플로리다 남부(South Florida): 덥고/습하며 구름이 끼는 날씨의 혼합

메인주(Maine): 춥고/습하며 구름이 끼는 날씨의 혼합

캘리포니아 북부(Northern California): 덥고/건조하며 추운 날씨의 혼합

멕시코만 유역(Gulf Coast): 덥고/습하며 구름이 끼고 추운 날씨의 혼합 지역 등이다.

7. 건물의 실내(Indoors)

실내에서 다육식물을 재배하는 것은 생기를 돋게(perks) 하기도 하고 도전이기도 하다. 온도는 아주 높은 반면에 강우는 없다. 습도도 관심을 갖고 잘 관리해야 한다. 인공광원이 없다면 여러분은 충분한 자연광을 비춰주지 못해서 다육식물이 도장하는 것을 막지 못할 것이다. 통풍(breeze)을 시켜주지 못하면 잎과 줄기가 약해질 것이다. 그리고 자연적인 요소와 경쟁이 없이 실내 다육식물들은 야생의 조건에서 주어지는 적응하는 방법을 놓치게 될 것이다. 이런 경우에는 약간의 변형을 주어 실내식물을 번성하게 해 주어야 할 것이다.

1) 바람(Wind)

저속(low speed)으로 팬을 돌리면 여러분의 집에서 습도를 조절하게 될 것이고 여러분의 식물은 단련될 것이다. 저자는 이런 부드러운 바람(gentle resistance)이 줄기를 더 크게 만들고 잎사귀들을 더 단단하게 붙어있게 만든다는 것을 발견하였다. 여러분이 이미 갖고 있다면 천장용 선풍기(Ceiling fans)들도 효과가 좋은 데 진동하는 스탠드형 팬도 유용하다.

2) 빛(Light)

남쪽과 서쪽면 창문이 가장 좋은 광을 제공한다. 동쪽의 창문은 아침 햇빛을 받기 좋고 북쪽의 창문이 가장 빛을 적게 받으므로 다른 방향을 선택하여야 한다. 때때로 여러분의 화분을 돌려놓는다든지 하면 여러분의 다육식물은 동등하고 균형있게 골고루 빛을 받을 수 있게 된다. 만약 여전히 황백화현상이 문제가 되면 이를 충분히 고려하여 빛을 조절하면서 재배해야 한다.
다육식물의 기초: 재배용 보광등(Basic Tips: Light-Grow Lights) 편(26페이지)을 참조하시오.

3) 자연 요소들(Natural elements)

여러분은 이미 실내와 실외에서 재배하는 조건의 차이를 경험했을 것이다. 여러분의 다육식물이 야외에서 어떻게 반응하는지 보았을 것이다. 다육식물들이 깨어나서 그들이 무엇을 하여야 되는 지를 깨닫는 것 같다. 아마도 주변의 다른 식물들과 같이 존재하고 그들 주변의 공간을 더 많이 가지거나 자연 햇빛을 느끼고 그들 잎 사이에 바람을 받도록 해준다. 그러나 어떤 것은 자람을 더 빠르게 하고 튼튼하게 해준다. 할 수만 있으면 여러분의 다육식물들을 야외에 두거나 야외분위기를 느끼게 하도록 노력하라.

◀ 좋은 조건의 빛을 공급하기에 어려운 실내 환경조건

4) 주의사항(Cautions)

(1) 창문(Windows)

저자가 경험해 본 경우로 창턱이나 창받침(window sill)에 있는 다육식물이라도 서리에 상해를 받는다. 이는 찬바람이 몰아칠 때 유리에 닿는 다육식물이 피해를 입는다. 다육식물은 유리 때문에 타기도 한다. 그러므로 여러분의 창가 옆 다육식물의 온도변화에 유의해야 하고 필요하다면 다육식물을 옮겨주어야 한다.

(2) 유아와 애완동물(Kids and Pets)

만약에 여러분에게 유아와 애완동물이 있다면 여러분의 다육식물을 먹을 수도 있다. 어떤 다육식물은 독성이 있을 수 있다. 유아와 애완동물들은 식물체에 손상을 주는데 악명이 높다. 어린이들은 여러분의 다육식물의 모든 잎을 제거해 버릴 지도 모른다. 그리고 저자의 애완견은 번식트레이를 뒤엎는 놀이를 하면서 즐길 지도 모른다. 만약 여러분의 고양이가 있다면 여러분의 집에 따뜻한 장소가 있어서 고양이들이 따뜻한 땅을 후벼서 파면 그곳에 다육식물을 심도록 준비하라 고양이들은 그들의 따뜻한 장소를 같이 나누는 것을 좋아하지 않을 것이지만 다육식물은 따뜻한 그곳을 좋아할 것이다.

제5장 분류와 자원
(Identification and Resources)

제5장 분류와 자원(Identification and Resources)

1. 분류 특징과 자원(Tips and Resources)

어떤 사람들은 그들의 다육식물들의 이름을 열심히 배우고 익히려고 하지 않는다. 반면에 어떤 이들은 새로운 식물에 대한 확실한 규명이 없이는 잠도 못자는 사람들도 있다. 그들은 구입한 날자와 이름을 적고 그들의 생육을 조사해서 특성을 기록하기도 한다. 여러분이 일반적인 관리방법을 아는 한 그들의 이름을 모르더라도(anonymously) 이제 단지 즐거움을 느끼면 될 것이다. 그러나 그렇게 대충하면 여러분은 연구하는 자세로 품종명을 알아내는 것을 배우는 교육의 기회를 놓칠지 모른다.

저자는 새로운 다육식물 품종을 구한 장소와 날짜, 일반명과 학명, 종과 지리학적 기원(원산지), 그들을 규명하는 웹페이지 링크, 생육특성에 대한 기록, 관리의 특이점 등을 포함한 몇 줄의 컴퓨터 파일을 가지고 있다. 확실히 좀 지루하고 엉뚱하게 인식될지도 모르지만 이제 저자는 먼저 7가지를 채우는 것을 목표로 하고 있다. 이 일은 많은 데이터를 넣는 것처럼 보일지 모르나 나중에는 아주 유용하다. 저자는 늘 감사하는 체험을 했다.

〈저자의 다육식물 분류 일부분을 보여주는 컴퓨터 화면 스크린샷(screen shot)〉

일자(Date)	구입처(Source)	학명(Scientific Name)	일반명(Common Name)	과명(Family)	관련사이트(Info)
3/31/2016	Joshua	*Adromischus cristatus*	Key lime pie	돌나무과	httD://davesaarde
3/2/2016	HD	*Aeonium percameum*	Aeonium 'Kiwi'	돌나무과	
5/13/2017	HCSSSS	*Agave lophantha*		용설란과	httD://aaaie-hortic
11/1/2016	Lindsey	*Agave parryi* var. *truncata*		용설란과	httD://www.llifle.cc
3/6/2017	Fairyblooms	*Aloe* 'Christmas Carol'	Aloe 'Christmas Carol'	알로에과	
3/6/2017	Fairyblooms	*Aloe aculeata*	Aloe aculeata	백합과	httD://www.cactus
10/1/2017	Omar	*Aloe aculeata* x2		백합과	
4/6/2016	Joshua's	*Aloe aristata X Gasteria*		백합과	
6/17/2003	Mom	*Aloe barbadensis*	Aloe Vera	백합과	httDS://www.flickr.i
7/9/2017	Hong Kong Market	*Aloe Blizzard*	Aloe Blizzard	백합과	
7/9/2017	Hong Kong Market	*Aloe brevifolia*		백합과	
10/1/2017	Omar	*Aloe ciliaris*		백합과	
3/6/2017	Fairyblooms	*Aloe distans*	Jeweled Aloe, Golden Tooth Aloe	백합과	httD://www.florafir
7/9/2017	Hong Kong Market	*Aloe distans*		백합과	
5/13/2017	HCSSSS	*Aloe* 'Pink Blush Cultivar'	Aloe Pink Blush	알로에과	httD://www.llifle.cc
4/23/2018	Fairyblooms	*Aloe plicatilis*	Fan Aloe – Tree Aloe	백합과	httDS://worldofsuc
11/18/2016	HD	*Aloinopsis schooneesii*		석류풀과	httD://www.cactus

1) 연구와 식별(Research and Idestification)

저자가 품종을 식별하기 위해서 쓴 시간은 계산할 수 없을 정도로 많다. 저자는 이 일을 위해 많은 공부를 했다. 저자가 다른 다육식물과 이름(이미 알고 있는 저자의 것과 같은 경우가 많기 때문임)이나 특성을 구별하게 되었을 때 떨리는 감동과 희열을 느꼈다. 궁극적으로 각 종들의 차이를 더 쉽게 알게 되었다. 예를 들면 알로에 잎(Aloe leaves)과 상대되는(versus) *하워디아(Haworthia)*, *에케베리아(Echeveria)* 대 *그랍토베리아(Graptoveria)* 등 말이다. 이내 저자는 서해안(West Coast)의 *에케베리아* '펄 폰 뉘른베르크'(*Echeveria* 'Perle von Nurnberg')와 멕시코만(Gulf Coast)의 *에케베리아* '펄 폰 뉘른베르크(PVN)'를 구별할 수 있게 되었다.

식별(identification)을 위해 많은 시간을 쓰는 동안 여러분은 이전에 배웠던 지식을 연결시키는 직관 비슷한(akin) 능력을 알게 될 것이다. 이는 더 큰 확신을 가지고 더 빨리 답을 얻을 수 있다. 여러분은 색깔, 엽형, 생장패턴, 다른 자세한 특성에 대해서 식별하는 안목(discerning eye)을 가지게 될 것이다. 하나씩 제거하고 조건들을 압축해 내려가다 보면 어떤 의심스러운 문제에 대해 통제할만한 내용으로 정리가 된다. 가끔씩 여러분은 다육식물이 꽃이 피어야 최종적으로 확인될 때가 있다. *에케베리아* '펄 폰 뉘른베르크'(*Echeveria* 'Perle von Nurnberg')의 경우 저자는 몇몇 품종들이 자라는 환경에 따라 아주 다른 외양을 나타내는 것을 지적한 적이 있다. 그러면 여러분은 사진을 비교하면서 아주 다른 것까지도 분류를 수정해야 할지도 모른다.

2) 식물명(Botanical Names)

여러분의 다육식물에 대한 속명과 종명을 완전하게 아는 것은 여러분의 연구와 관리에 아주 중요하다. 이것은 교잡(hybrid) 종을 결정하거나 교배하는 데 필요하다.

몇몇 일반적인 교배종을 보면:

에케베리아(Echeveria)×세덤(Sedum)=세데베리아(Sedeveria)

에케베리아(Echeveria)×그랍토페탈룸(Graptopetalum)=그랍토베리아(Graptoveria)

세덤(Sedum)×그랍토페탈룸(Graptopetalum)=그랍토세덤(Graptosedum)

파키피툼(Pachyphytum)×에케베리아(Echeveria)=파키베리아(Pachyveria)

가스테리아(Gasteria)×알로에(Aloe) = 가스테랄로에(Gasteraloe) 등이 있다.

많은 다육식물이 식별하기가 어렵고 매우 유사한 이름들을 가지고 있기 때문에 식물학적 이름들(다른 이름으로 학명(scientific), 이명법(binomial), 그리고 라틴(Latin)명이 있음)은 여러분에게 정확한 식물을 가능하게 해준다. 계속 연습을 하다보면 다른 속과 종을 서로 연결시켜 준다. 학명은

▲ *그랍토페탈룸 파라구아엔세*(*Graptopetalum paraguayense*)와 *에케베리아 집비플로라*(*Echeveria gibbiflora*)의 교잡종인 *그랍토베리아* '프레드 이브스'(Graptoveria 'Fred Ives')의 모습

2가지로 구성되는 데 처음에는 속명이 나오고 다음에는 종명이 나오도록 구성되어 있다. 헨앤칙스(Hens and Chicks)는 셈퍼비붐(Sempervivums)을 지칭하는 일반명이고 에케베리아(Echeverias)는 *에케베리아 임브리카타*(*Echeveria imbricata*)의 자구(offset)로 어미닭이 알을 품고 있는 모습과 같이 기부에서 번식되어 나온 것이다.

만약에 저자가 지칭하는 수천개의 모체(mother of thousands)는 많은 다른 식물들을 의미할 수 있다. 여러분이 아는 칼랑코에(Kalanchoe)는 아마도 *칼랑코에 래티비렌스*(*Kalanchoe laetivirens*), *칼랑코에 투비플로라*(*Kalanchoe tubiflora*), *칼랑코에 다이그레몬티아나*(*Kalanchoe daigremontiana*), *칼랑코에 페드첸코이*(*Kalanchoe fedtschenkoi*) 등등이 있을 것이고 여기서 아이디어를 얻을 수 있을 것이다. 이러한 모든 것 간에 있는 공통성(commonality)은 그들의 능력으로 이들의 잎 가장자리를 따라 수많은 작은 소식물체(plantlets)를 번식시키는데 이들이 땅에 떨어지면 또 다른 식물체 군집(horde)을 형성시킨다.

일반명에는 잘못된 정보도 있는데 *유포르비아 티루칼리*(*Euphorbia tirucalli*)는 때때로 펜슬 선인장(Pencil Cactus)이라고 불리는데 이것은 선인장이 아니다. 코랄 선인장(Coral Cactus)은 실제적으로 *유포르비아 락티아*(*Euphorbia lactea*)로 보통 *유포르비아 네리폴리아*(*Euphorbia *neriifolia*)에 접을 붙인 것이다. *보카르니아 레쿠르바타* '포니테일 팜'(*Beaucarnea recurvata* 'Ponytail Palm')은 실제적으로 팜트리가 아니다. 비록 그들이 충분히 크게 자라면 나무로 불린다. 그리고 기생식물(air plants, 氣生植物)도 실제적으로는 생존을 위해 물을 필요로 한다.

3) 과명(Families names)

다육식물을 분류해 보면 몇 개의 과가 있는데 분류에서 대부분을 차지하는 다육식물은 번행초과(Aizoaceae, 석류풀과), 아스포델라과(Asphodelaceae), 아스파라거스과(Asparagaceae, 백합과), 국화과(Asteraceae), 선인장과(Cactaceae), 크라슐라과(Crassulaceae), 그리고 유포르비아과(Euphorbiaceae)이다.

*알아보기(Note): 여기 라틴어 이름의 끝에 붙는 'ceae'는 시아이(see-eye) 발음되거나 시이(see-ee)로 발음이 되고 과명을 나타낸다.

(1) 번행초과

번행초과(Aizoaceae, 석류풀과)는 메셈(Mesembryanthemum), 리돕스(Lithops), 그리고 아이스플랜트(Ice plants)를 포함한다.

▲ 번행초과(Aizoaceae, 석류풀과) 식물인 리돕스(Lithops)의 모습

- 원산지(Origin): 남아프리카(South Africa)
- 번행초과의 식물들(Examples): *플레이오스필로스 넬리(Pleiospilos nelii*, 제옥), *델로스퍼마 쿠페리 (Delosperma cooperi)*, *알로이놉시스 스쿠네시(Aloinopsis schooneesii)*, *리돕스 살리콜라(Lithops salicola)* 등이 있다.
- 과(Family): 190개 속에 1,900종이 있다.

(2) 아스포델라과

아스포델라과(Asphodelaceae)는 알로에(Aloes), 가스테리아(Gasteria), 하워디아(Haworthia) 등이 있다.

▲ 아스포델라과(Asphodelaceae)에 속하는 *알로에 아쿨리아타(Aloe aculeata)*와 *알로에 디스탄스(Aloe distans)*

- 원산지(Origin): 온대나 열대지역이다.
- 아스포델라과(Asphodelaceae) 식물들: *알로에 후밀리스(Aloe humilis)*, *가스테리아* 리틀 와티 (*Gasteria* 'Little Warty' 는 작은 무사마귀라는 뜻임), *하워디아 푸밀라(Haworthia pumila)* 등이 있다.
- 과(Family): 40속, 900종이 있다.

(3) 아스파라거스과(백합과)

아스파라거스과(Asparagaceae)에는 아스파라거스는 물론 유카(Yuccas)와 아가베(Agaves) 등이 있다.

- 원산지(Origin): 전세계(Worldwide)
- 아스파라거스과 다육식물들: *알부카 스피랄리스(Albuca spiralis*, 단황초), *아가베 에테누아타(Agave attenuata)*, *유카 필라멘토사(Yucca filamentosa)*, *산세베리아 실린드리카(Sansevieria cylindrica)* 등이 있다.
- 과(Family): 140 속에 2,900종이 있다.

▲ 용설란과(요즘은 아스파라거스과로 분류하기도 함)에 속하는 아가베(Agaves)의 모습

(4) 국화과

국화과(Asteraceae)에는 세네시오(Senecios)와 오돈나(Othonnas)가 있다. 물론 다육식물이 아닌 상추, 달리아, 그 외에도 다른 많은 종이 있다.

- 원산지(Origin): 전세계(Worldwide)
- 국화과(Asteraceae) 다육식물들: *세네시오 비탈리스(Senecio vitalis)*, *알기록시피움 비레센스(Argyroxiphium virescens)*, *오돈나 아르부스쿨라(Othonna arbuscula)* 등이 있다.
- 과(Family): 1,900개 이상의 속에 32,000가지의 종이 있는데 대부분은 다육식물이 아니다.

▲ 국화과에 속하는 *세네시오 펜둘러스(Senecio pendulus)*의 모습

(5) 선인장과

선인장과(Cactaceae)는 다수의 선인장(cacti)을 포함하고 있다.

- 원산지(Origin): 아메리카 고유종이다.
- 선인장과(Cactaceae) 다육식물들: *에키노캑터스 그루소니(Echinocactus grusonii)*, *마밀라리아 헤이데리(Mammillaria heyderi)*, *오푼티아 로부스타(Opuntia robusta)*, *에피필룸 푸밀룸(Epiphyllum pumilum)* 등이 있다.
- 과(Family): 140속에 1,500종이 있다.

▲ 선인장과에 속하는 *노토캑터스 유밸마니아*(*Notocactus uebelmannianus*)와 *에키노세레우스 레이첸바키*(*Echinocereus reichenbachii*)의 모습

(6) 크라숼라과

크라숼라과(Crassulaceae)에는 크라숼라(Crassula), 에케베리아(Echeveria), 에오니움(Aeonium)과 같은 종류가 있다.

▲ 핑크색 꽃으로 활력이 넘치는 돌나물인 *크라숼라* '모간 뷰티'(*Crassula* 'Morgan's Beauty')는 돌나물과이고 왼쪽에 *에케베리아* '네온 브레이크'(*Echeveria* 'Neon Breaker'), 흰색의 *세네시오 하워디이*(*Senecio haworthii*)의 모습

- 원산지(Origin): 전세계(Worldwide)
- 크라슐라과 다육식물들: *세덤 모르가니아눔(Sedum morganianum)*, *두들리아 파리노사(Dudleya farinosa)*, *칼랑코에 신세팔라(Kalanchoe synsepala)* 등이 있다.
- 과(Family): 34속에 1,500종이 있다.

(7) 유포르비아과

유포르비아과(Euphorbiaceae)에는 유포르비아(Euphorbia)와 자트로파(Jatropha) 등이 있고 대부분 다육식물이 아니다.

- 원산지(Origin): 아프리카 케냐를 비롯한 아메리카, 동양의 열대구(tropics of Indomalaya)이다.
- 유포르비아과 다육식물들: *자트로파 베를란디에리(Jatropha berlandieri)*, *유포르비아 트리고나(Euphorbia trigona)*, 그리고 크리스마스 할러데이 꽃인 포인세치아(holiday flower Poinsettia)인 *유포르비아 풀체리마(Euphorbia pulcherrima)*가 있다.
- 과(Family): 300속에 7,500종이 있다.

▲ 유포르비아과에 속하는 모나데니움, *유포르비아 리치아이* 금(Monadenium, *Euphorbia ritchiei* variegata)의 모습

2. 정보와 자원(Information and Resources)

정보자원으로 말하자면 우리는 단연 인터넷을 꼽는다. 분류의 자원은 물론 교육용 사이트, 온라인 다육식물 쇼핑몰도 중요한 정보원이다. 다른 사람들의 사진이 올라있는 사회적 매체 플랫폼(social media platforms)을 비교하는 것도 유용하다. 더 많은 해시태그(hashtag, 게시물의 분류와 검색을 용이하도록 만든 일종의 재가공한 메타데이터로 해시 기호(#) 뒤에 단어나 문구를 띄어쓰기 없이 붙여 씀)가 있으면 더 저자는 분류의 확신과 편안함을 느낀다.

저자에게는 아주 감동적인 2개의 웹사이트가 있는데 '리플'(Llifle, http://www.llifle.com)과 캘리포니아 산타 바바라에 있는 '산 마르코스 그로우어'(San Marcos GROWERS, https://www.smgrowers.com)이다. '리플'의 웹사이트는 깊이 있게 접근하고 후자인 '산 마르코스 그로우어'는 상대적으로 가볍게 접근한다. 저자가 주로 이용하는 리플 웹사이트는 보다 더 식물학적인 용어를 사용하는데 더 정밀한 키워드 서치(keyword searche)를 필요로 할 때 이용한다. 의문점에 대해 검색하는 구(phrase)나 키워드는 거대한 은혜의 바다에서 정답에 더 가까이 접근하는 것이 된다. 저자의 지식은행인 어휘(Knowledge Bank: Glossary) 편을 참조하여 용어를 알아보라.

1) 기본적인 식물명칭(Basic Botanical Nomenclature)과 용어(Term)

분류를 위해서 검색을 하는 데는 몇 가지 용어가 필요한데 여기에서는 새로운 초보자를 위해 간단하게 요약해서 정리해 둔다.

- 줄기(Stem): 식물의 주요지지 기능을 하는 줄기와 가지; 식물을 분류할 때 길이나 두께 등으로 특성을 평가한다.
- 로제트(Rosette) : 잎이 나선형으로 빽빽하게(compact) 중첩되어 있는 형태이다. 에케베리아(Echeveria), 하워디아(Haworthias), 그리고 알로에(Aloes) 등은 비록 서로 다르게 보일지 모르지만 모두 로제트형을 하고 있다.
- 잎(Leaves) : 모양, 구조, 개수와 생장패턴에 따라 속이나 종을 분류하는 데 필요할 수 있다. 용어는 털이 없는(hairless), 반들반들한(smooth) 의미로 표현하기도 한다.
- 화서(Inflorescence) : 식물의 화기부분(flowering portion)을 통틀어서 표현하는 용어이다.
- 꽃(Flowers) : 개개의 꽃은 칼라와 구조에서, 그리고 단독화서에서 꽃의 배열은 다육식물의 이름을 식별하는데 도움을 준다. 눈(bud), 꽃잎(petal), 화주(style, 암술대), 수술(stamens) 그리고 암술머리의 색(stigma colors)은 분류에서 유용하다. 암술대는 꽃줄기의 중심으로 암술머리(stigma)를 지지한다. 수술은 화분을 생산하는 기관으로 암술대 주변에 위치하고 있다. 화학(receptacle)은

셈퍼비붐 울페니
(*Sempervivum*
wulfenii)의 모식도

① 화관/꽃
② 화경/꽃자루
③ 꽃잎
④ 수술
⑤ 약
⑥자구/작은 번식체
⑦ 지상경/포복경
⑧ 비늘잎

① – ⑤ 완전화서

▲ *셈퍼비붐 울페니*(*Sempervivum wulfenii*)의 명칭도(Sydenham Edwards, 1768~1819 제작)

꽃을 지지하는 컵(cup)과 같은 모양이다.

- 개화계절(Blooming season) : 식물이 꽃이 필 때의 계절과 기간을 말한다.
- 능(Ribs) : 선인장(cacti)에서 엽맥(rib, 능)은 다육식물의 줄기를 따라서 아코디언(accordian) 모양과 같은 주름을 말한다. 이 능의 수는 분류의 기준이 된다.
- 자좌(Areoles, 刺座) : 선인장의 능을 따라 패드(pad)에 난 가시와 작은 자모(cacti rib): 전형적으로 그곳에서 선인장 꽃이 나온다. 자좌(areoles)들은 선인장에만 있는 형태이다.
- 가시(Spines) : 선인장 자좌(cacti areoles)로부터 방사상으로 난 바늘같은 구조물로 길이나 색, 그리고 양이 분류에 이용된다.
- 자모(Glochids, 선인장의 작은 가시) : 선인장의 자좌에서 발견되는 머리털과 같은 가시를 말한다.

구글(Google)이나 리플(Llifle) 웹사이트에서 *에케베리아 푸르푸소룸(Echeveria purpusorum)*과 *세레우스 퍼루비아누스(Cereus peruvianus)*를 다음과 같이 분류하고 정의한다.

*에케베리아 푸르푸소룸(Echeveria purpusorum)*은 짧은 줄기와 얼룩덜룩한 색을 가진 로제트형의 끝이 뾰족한 잎으로 되어있다. 화서(inflorescence)는 20~30cm 정도이고 적색을 띠는 오렌지색 화아(flower buds)가 노란색 꽃잎과 함께 나온다. 암술대는 녹색이고 암술머리는 밤색(고동색)이다.

▲ 끝이 뾰족하고 로제트형인 *에케베리아 푸르푸소룸(Echeveria purpusorum)*

세레우스 퍼루비아누스(*Cereus peruvianus*)의 줄기들은 녹색에서 회색을 띠는 청색이다. 기둥 모양의 줄기(cylindrical)는 9~10개 정도의 능(ribs)이 있고 작은 자좌(areoles)들은 아주 다양한 많은 수의 가시(spines)가 넓은 공간에 퍼져있다. 때때로는 가시가 없는 경우도 있다.

▲ 능이 있고 자좌가 배치된 *세레우스 퍼루비아누스*(*Cereus peruvianus*)

각 식물의 물리적 특성을 아주 정교하게 잘 바꿔쓰기(paraphrases)하는 동안 이런 중요한 용어는 여러분의 다육식물을 분류하는데 사용된다. 어휘에 대한 지식은행(Knowledge Bank)을 참조(180페이지)하라. 그리고 더 많은 자료를 가지고 스스로 공부하고 식물학적 정의와 묘사를 기술해보라.

2) 온라인을 활용한 식별(Identification Online)

인터넷상에서 식별을 하기 위해서는 용어를 검색하고 여러분의 식물을 잘 묘사할(describe) 할 수 있어야 한다. 몇몇 사례를 가지고 좁혀가면서 가능성이 적은 답을 탐험해 보자. 이때 결과가 다시 재현 가능하도록 용어를 인용하는 중요한 단어를 잘 기억해 두어야 한다. 그리고 결과가 생략되는 단어는 줄을 그어 두는 것도 좋다. 여러분은 사진을 대조하며 이미지를 이용하게 될 것이다.

〈사례 1〉

다음의 용어를 찾아보자. '녹색 잎 자색 무늬 다육식물 분류'(succulent identification green leaves purple markings)를 검색하여 지금 이미지에 대해 생각해 본다. 여러분이 검색을 몇몇 품종에 적용해본다. 그러나 우리가 찾고 있고 그 다육식물은 에케베리아(Echeveria)가 아니다. 그러면 '에케베리아(Echeveria)'를 생략하고 '–에케베리아(–Echeveria)'를 검색한다.

▲ *칼랑코에 후밀리스*(*Kalanchoe humilis*)는 자색의 띠를 가지고 있고 *칼랑코에 마모라타* (*Kalanchoe marmorata*)는 비슷한 더 많은 반점(spottier markings)을 가지고 있다.

지금 우리는 에케베리아가 아닌(non-Echeverias) 자색의 표시가 있는 것으로 검색한다. *칼랑코에 마모라타(Kalanchoe marmorata)*, *칼랑코에 후밀리스(Kalanchoe humilis)*, *레데보우리아 소치알리스(Ledebouria socialis)*, 그리고 몇몇 다른 것들을 말이다. 저자가 생각하고 찾는 칼랑코에(Kalanchoes)는 둘 다가 비슷하게 보이는 식물이다. 그렇지 않으면 저자는 어떤 것인지를 이해할 필요가 있다. 저자의 식물은 반점이 있는 *칼랑코에 마모라타(Kalancho marmorata)*보다 더 줄무늬 패턴을 가지고 있는데 그래서 저자는 오랜만에 *칼랑코에 후밀리스(Kalanchoe humilis)*를 더 깊이 연구해 보려고 한다. 실제로 그 결과들은 저자의 다육식물과 완전히 매치가 되고 제대로 바로 식별했다는 확신이 생겼다.

〈사례 2〉

컴퓨터 검색을 위해 '로제트 녹색 잎 적색 가장자리 다육식물 분류' (succulent identification rosette green leaves red edge)라는 키워드를 치면 결과물로 다육식물의 이미지를 볼 수 있다. 우리는 몇 가지 선택사항이 있는데 견본(specimen)을 보듯이 어떤 것을 보지 말고 아주 서로가 닮은 유사한 몇 가지를 보라. 그러나 잎의 모양과 칼라는 분류의 핵심기준이 아니다. 우리의 대상(subject)은 잎 가징자리를 따라 직색인 것이지 단지 잎 끝의 뾰쪽한 섯반은 아니다.

잎의 바깥 주연부(edge)를 우리는 연(margin, 가장자리)이라고 한다. 그러므로 우리의 분류 탐사는 잎의 주연(margin)으로 결각이나 가장자리(edge)를 대체하는 것이다. 이제 우리는 어딘가 가야 한다. 그것은 *에케베리아 아가보이데스(Echeveria agavoides)*나 *에오니움* '키위'(*Aeonium* 'Kiwi')이 아니라 우리의 잎이 뾰족하지 않다는 것이다. 거기에다가 *에케베리아* '돈도'(*Echeveria* 'Dondo')나 *에케베리아* '티피'(*Echeveria* 'Tippy')는 그들의 적색의 특징이 더 강조되기 때문이다. 그것은 *에케베리아 노둘로사(Echeveria nodulosa)*도 아니다. 왜냐하면 중간의 잎이 물론 적색으로 안을 감싸고 있기 때문이다. 그러면 이것은 무슨 다육식물인가? *에케베리아 푸리도니스(Echeveria pulidonis)*는 이들 묘사에 맞는 것 같다. 그러나 그 자체를 검색해(look it up) 보라. *에케베리아 푸리도니스(Echeveria pulidonis)*의 검색 결과 바깥이 적색인 잎 가장자리의 흔적이 사랑스러운 밝은 녹색 로제트로 다시 돌아가게 된다. 적색의 서로 다른 정도는 다육식물의 기초: 색깔과 형태(Basic Tips: Color and Form) 편(16페이지)에서 공부해 보기를 바란다. 그러나 그것은 아주 명백하게 우리 다육식물의 식별에 잎의 모양이 중요하다는 것이 판명되었다.

3) 외양적인 단서들(Visual Clues)

(1) 하이브리드(Hybrids)

교잡육종을 한 경우 양친 중에 한쪽에 더 많은 특성을 물려받는다는 것을 명심하여야 한다. 인간 쌍둥이도 마찬가지인데 같은 부모라 할지라도 아주 다른 경우를 보게 된다. 예를 들면 같은 종들보다 잎이 더 길거나 점점 가늘어지거나(tapered) 혹은 두껍고 둥근 경우가 나타난다.

(2) 변이(Variation)

어떤 다육식물들은 다른 종이나 하이브리드라고 할 만큼 아주 다른 것처럼 보이는 다양성을 보인다. 이런 것은 알로에(Aloe) 그리고 선인장(cacti)에서 자주 나타난다.

(3) 유포르비아(Euphorbia)와 선인장(cacti)

어떤 유포르비아(Euphorbia) 종들은 선인장과 닮았다. 둘 다 비슷한 몸체와 가시를 가지고 있는데 이 가시는 방사상의 원뿔모양의 작은 혹, 즉 결절(tubercles)이라 불린다. 하나의 단서는 가시가 몸체로부터 유래하느냐의 여부이다. 선인장의 가시는 정의된 기존의 중심부로부터 나온다. 때때로 둥글고 부풀어 오른 부위를 자좌(areoles, 刺座)라고 하는데 반면에 유포르비아(Euphorbia)는 이 자좌(areoles, 刺座)를 가지고 있지 않다. 다른 단서는 우윳빛 수액인데 유포르비아(Euphorbia)는 포크나 칼로 자르면 이 수액이 흘러나온다. 이것은 자극적이고 독성이 있으므로 만약에 여러분의 피부가 이것에 노출되면 씻어내야 하고 주의해야 한다.

(4) 꽃(Flowers)

하워디아(Haworthia)의 매끄러운 잎을 가진 어떤 종은 알로에(Aloe)를 아주 많이 닮았다. 그러나 그들의 꽃은 아주 다르다. 하워디아(Haworthia)의 화경은 차라리 길고 가늘며 구부러져 있다. 꽃은 작고 희며 작은 난과 같이 약간 거리가 떨어져 있다. 알로에(Aloes)의 화경은 곧게 위로 올라가며 생기고 더 두터운 경향이 있다. 꽃은 더 크고 더 컬러풀하며 수상화서의 끝을 향해서 같이 덩어리가 전형적으로 더 군집화(clustered) 되어있다. 꽃이 성숙하고 나면 작은 종(bells)과 같이 아래로 달려있다.

(5) 잔털(Fuzz)

가늘고 부드러운 털이 밀생한(tomentose) 것을 퍼지(fuzzy)라고 한다. 때문에 많은 잔털을 가진 퍼지(Fuzz) 다육식물 종들은 그들의 이름에 토멘토사(tomentosa)라는 명칭이 따라다닌다.

예를 들면 *칼랑코에 토멘토사* '팡' 그리고 '판다 플랜트' (*Kalanchoe tomentosa* 'Fang'과 'Panda Plant')가 있고 *플랙트란서스 토멘토사* '빅스플랜트' (*Plectranthus tomentosa* 'Vick's Plant', 장미허브), *코티레돈 토멘토사* '베어 포' (*Cotyledon tomentosa* 'Bear Paw's'), 그리고 *크라슐라 토멘토사*(*Crassula tomentosa*)가 있다.

(6) 환경조건(Conditions matter)

여러분의 재배환경이 다육식물에 영향을 미친다는 것을 기억하라. 다른 환경에서 자라는 것을 비교하는 것은 교묘하게 확인이 된다. 여러분이 최대한 선택 가능한 수효를 3~4개까지 식별(ID) 기준을 좁히고 다음 계절에 꽃이 피거나 색깔이 나타나기를 기다리면 된다. 만약에 여러분의 다육식물이 부족한 빛으로 인해 제대로 자라지 않는다면 부족한 필요를 보충해 주고 다음에 분류를 하도록 해야 한다. 지금 여러분이 식별하는 일에 친숙하다고 하더라도 여러분의 다육식물은 신비한(mystery) 식물이라는 것을 알고 노력해야 한다. 일단 여러분이 정답이 나왔다고 생각되면 여러분은 일지에 기록(log)을 하거나 더 많은 확인을 한다. 온라인으로 다육식물 식별 포럼(forum)에 참여하거나 사진을 올려 다른 사람들에게 피드백(feedback)을 받아 보는 것도 좋다.

제6장 주요 다육식물 속별 특성
(Genus Tips)

제6장 주요 다육식물 속별 특성(Genus Tips)

1. 알로에(Aloe)

약 500종 이상이 있는 알로에(Aloe) 속은 다육식물을 사랑하는 사람들에게 꿈과 같은 존재이다. 기후만 좋으면 잘 자라고 쉽게 자란다.

◀ *알로에 후밀리스(Aloe humilis)*의 모습

- 겨울(Winter): 다육식물은 대부분 따뜻하거나 열대성 지역에서 유래하였기 때문에 강한 추위에는 매우 약하다. 그래서 서리에 손상을 입기도 하고 월동대책을 잘못해서 처음 구입한 다육식물이 얼기도 한다.
- 여름(Summer): 다육식물은 부분적인 광조건에서 잘 자란다. 만약에 노지가 아주 극단적으로 덥지 않으면 많은 직달광에도 견딘다. 다육식물은 여름 고온에서는 휴면을 하므로 물을 적게 주어야 하고 반면에 이 시기 동안에는 약한 그늘을 만들어 주는 것이 좋다.

• **번식(Propagation)**: 모든 알로에(Aloes) 꽃은 때때로 아주 많이(prolifically) 핀다. 그렇기 때문에 많은 알로에 수분곤충(pollinators)에게는 매력적이다. 그러면 여러분은 많은 종자를 얻을 수 있는 기회를 갖게 될 것이다. 이들 알로에는 자구(offsets)로 독립적인 식물체를 빨리 형성하는 다육식물이다.

• **지역 팁(Regional Tips)**: 화분에서 다육식물을 감상하며 즐기거나 노지에서 보호를 해가며 이들 다육식물을 재배하려면 너무 많은 햇빛이나 4℃ 이하의 낮은 온도에 유의한다. 어떤 품종은 더 낮은 온도에도 잘 견디지만 이때는 할 수 있는 한 건조하게 유지해야 한다.

2. 선인장(cacti)

여기에는 140속(genera)에 1,500종(species)이 있다. 선인장(cacti)은 많은 다육식물 애호가들의 가슴속에 가깝지만 조심스럽게 살아있다. 만약에 여러분이 아직까지 이 선인장을 사랑하지 않는다면 조금만 더 기다려 보라. 얼마 지나지 않아 그들 선인장은 아주 매력적으로 보이게 될 것이다. 즉 그들의 사랑스러운 기하학적 패턴(geometric patterns)과 대담하고 밝은 꽃에 여러분은 언젠가

▲ *마밀라리아 멜라노센트라(Mammillaria melanocentra)* 선인장의 자색꽃 품종

대단히 열정적인 팬(big fan)이 되지 않을 수 없을 것이다. 여기에는 기묘하고 이상한(weird) 여러 속(genera)이 많아서 곧 여러분은 예쁜 파스텔 로제트 품종은 물론이고 아주 이상한 변종도 사랑하게 될 것이다.

- **겨울(Winter)**: 선인장(cacti)은 자연적으로 겨울에 휴면에 들어간다. 아주 강한 추위에는 약하므로 겨우내내 건조하게 토양을 관리해야 한다. 2개월에 한번 정도 주는 물 정도로 소량의 수분을 공급한다. 특별한 경우를 제외하고는 이렇게 하여야 안전하다. 단지 다육식물의 뿌리가 살아 있을 만큼만 물을 주어도 충분하다. 만약에 여러분이 선인장을 노지나 야외토양에 재배한다면 서리나 영하의 온도에서는 보호대책을 강구해야 한다.
- **여름(Summer)**: 알로에(Aloes)나 다른 다육식물처럼 선인장(cacti)도 한여름에는 휴면을 한다. 이 기간 동안에는 물을 많이, 자주 주지 않도록 한다.
- **번식(Propagation)**: 선인장이 꽃이 필 때는 충분히 성숙하였거나 꽃이 필만한 특별한 필요가 생겼을 때이다. 강한 햇빛이나 춘화처리(vernalization)는 보통 꽃이 피도록 유도한다. 그러나 어떤 선인장(cacti)은 아주 강하게 개화 습성을 가진 것이 있고 이런 상황이 없이도 그냥 규칙적으로 꽃이 피는 것도 있다. 어떤 선인장은 종자를 맺히게 하려면 타가수분(cross pollination)이 필요한데 열매를 식용하는 손바닥 선인장(Opuntia)이 그렇다. 그들은 줄기, 즉 새로운 패드와 쪼갬에 의한 자구로 번식시킨다.
- **지역 팁(Regional Tips)**: 아메리카가 원산지인 선인장(cacti)은 안데스 사막의 추운기후부터 열대 사막 등 다양한 기후에서 살아간다. 어떤 품종이나 교배종은 영하 10℃ 정도의 추위에도 강하다. 그런 품종으로 *트리초세레우스 테르체키*(*Trichocereus terscheckii*, 투쟁용), *아리오카르푸스 피수라투스*(*Ariocarpus fissuratus*), 그리고 *페로캑터스 비슬리제니* 바렐 캑터스 (*Ferocactus wislizeni*, Barrel Cactus) 등이 있다.

3. 에케베리아(Echeveria)

에케베리아(Echeveria) 속의 이름에는 18세기 멕시코의 식물 회화가(botanical artist)인 아타나시오 에케베리아(Atanasio Echeverría y Godoy)에서 유래한다. 여기에는 약 150 종이 있고 수많은 변종과 교잡종이 많은데 이들은 모두 꽃이 핀다.

- **겨울(Winter)**: 에케베리아(Echeveria)는 기회적 생장(opportunistic growers)을 하는 경향이 있다. 단지 유전적(parentage)인 것을 떠나 이들 에케베리아는 월동을 할 수도 있다.

▲ 희귀한 *에케베리아* '레즈리', '수브코림보사' 그리고 '라우렌시스'(*Echeverias* 'Rezry', 'Subcorymbosa', 'Laulensis')

다육식물의 기초: 생장과 휴면(Basic Tips: Growth, Dormancy) 편(44페이지)을 참조하시오.
에케베리아와 이들의 1대 잡종(hybrid)들은 드물게 서리에도 견딘다(frost-tolerant). 그들의 다즙성(succulence) 때문에 가장 먼저 동해를 입는 것들 가운데 하나이다. 겨울철에는 낮에 가금씩 물을 소량으로 주어서 생장을 억제시킨다.

- 여름(Summer): 어떤 에케베리아(Echeveria) 종은 고온에서 생장을 잘 하지 않거나 둔화되는데 강한 직사광선에서는 죽기도 한다. 아침의 밝은 햇빛과 오후의 부분 그늘은 대부분의 에케베리아(Echeverias)를 1년 내내 건실하게 한다.
- 번식(Propagation): 대부분의 에케베리아(Echeveria) 번식은 엽삽(leaf and cuttings)으로 한다. 이들도 자구를 내고, 잎의 주연부를 따라 소식물체(plantlet)를 만든다. 드물게 어떤 종은 줄기에서 꽃을 피운다. 제2장 다육식물의 번식(Chapter 2: Make More Sucs) 편을 참조하시오.
- 지역 팁(Regional Tips): 에케베리아(Echeveria)는 기후가 건조하면 온도가 다소 낮은 곳에서부터 더운 곳까지 잘 자란다. 물론 온도가 너무 높거나 추운 극도의 환경조건에서 보호가 되지 않은 상태로 남아 있다면 휴면을 하거나 죽기도 하지만 말이다. 여러 다른 품종들로 실험을 해보면 여러분의 재배환경이면 최적의 생장을 한다.

4. 유포르비아(Euphorbia)

유포르비아(Euphorbia)는 2,000종 이상을 자랑하는데 믿기 어려울 만큼 다양한 많은 속(genus)을 가지고 있다. 유포르비아는 외양에서 선인장(cacti)과 비슷한 반면 다른 것들은 나무와 관목을 닮았다. 모두는 아니지만 이 다육식물은 독성이 있는 흰색의 우유같은 즙액(toxic milky white latex)을 분비한다. 따라서 이 식물을 자르거나 취급할 때는 주의해야 한다. 이 속은 전 세계적으로 분포하고 있기 때문에 재배계절도 다양하다. 여러분은 유포르비아 꽃(Euphorbia flower)들이 독특(unique)하다는 것을 알아야 하는데 실제로 배상꽃차례(cyathium, 꽃대와 몇 개의 포엽이 변형되어 잔과 같은 모양의 꽃차례로 배상화서(杯狀花序)라고도 함)이거나 포(bract)라고 부르는 꽃잎을 닮은 변형된 잎에 의해 둘러싸인 작은 꽃들의 덩어리(cluster)를 가지고 있다. 이 모양이 이 속이 가진 유일한 특징이다.

▲ *유포르비아 오베사(Euphorbia obesa)*의 자구들(offsets)

• 겨울(Winter): 많은 유포르비아(Euphorbia)들은 추위에 강한데 특별히 잎이 무성한 등대풀속(spurges)인 *유포르비아 미르시니테스(Euphorbia myrsinites)*와 같은 것은 겨울을 좋아하기도 한다. *유포르비아 트리고나(Euphorbia trigona)*과 *유포르비아 티루칼리* '스틱 온 파이어' (*Euphor-*

bia tirucalli 'Sticks on Fire')와 같은 다육식물들은 추위에 좀 약해서 노지에서 월동대책 없이 두면 얼어 죽을 수도 있다. 생존 가능성을 증가시키려면 토양을 건조하게 유지시켜야 한다.

- 여름(Summer): 유포르비아(Euphorbia)들은 기회적(opportunistic) 생장을 하는데 만약 기후가 온대지역이면 북반구에서는 대부분의 생장이 3월부터 9월까지 진행된다. 어떤 품종은 여름에 휴면을 할 것이고 또 어떤 낙엽성 품종은 여름에 낙엽이 질 것이다.
- 번식(Propagation): 유포르비아(Euphorbia)는 꽃이 피고 나면 종자가 들어있는 캡슐과 같은 열매가 달린다. 일단 건조되면 꼬투리가 터져서 종자가 넓고 멀리 퍼뜨려진다. 그래서 많은 종자수집가들은 꼬투리를 천 조각으로 싸서 채집한다. 많은 가지를 가지고 있는 종들은 삽목으로 번식을 시키는데 *유포르비아 밀리* '가시면류관(꽃기린)' (*Euphorbia milii* 'Crown of Thorns')도 그렇고 다른 *유포르비아 오베사(Euphorbia obesa)*와 같은 유포르비아 종들은 자구(offsets)를 따서 번식시킨다.
- 지역 팁(Regional Tips): 다양한 기후로부터 기원한 많은 수의 품종 때문에 여러분은 여러분이 살고 있는 지역에서 번성하는 다양한 유포르비아(Euphorbia) 타입(type)을 보게 될 것이다. 이들 대부분은 햇빛과 열을 좋아하는데 열대지방이 원산인 종은 건조한 지역 종들보다 더 많은 물을 좋아한다.

5. 하워디아(Haworthia)

하워디아(Haworthia) 속은 약 60종이 있고 수많은 잡종(hybrid)이 있으며 값싼 것부터 몇 십만 원짜리까지 다양한 가격대의 품종이 있다. 어떤 것들은 투명한데(fenestrated) 이는 그들 잎의 일부나 전체가 투명해서 빛이 투과한다는 의미가 된다. 대부분은 작은 편이어서 밝은 간접 광이 많은 데나 부분 광에서 잘 자란다. 많은 하워디아(Haworthia)는 그들의 오래된 뿌리를 흡수해서(absorb) 새로운 뿌리를 만들어 간다.

- 겨울(Winter): 하워디아(Haworthia)는 추위에 강하지 않다. 그러므로 서리나 동결에 대비해서 보호조치를 해 주어야 한다. 추운계절에는 물주는 것을 삼가서 생장을 둔화시키고 뿌리의 부패를 방지해야 한다.
- 여름(Summer): 하워디아(Haworthia)는 아주 더운 여름에는 휴면을 하는데 따라서 이 시기에는 물을 적게 요구하므로 줄여야 한다.

▲ 개화 직전인 *하워디아 쿠페리* 변종 *트런카타(Haworthia cooperi var truncata)*

- **번식(Propagation)**: 하워디아(Haworthia)는 자연적으로 자구나 종자로 번식을 한다. 어떤 종은 화경에서 고아(高芽, keiki, 역자 주: 꽃자루나 줄기 중간 높은 곳에서 발생하는 작은 새싹)를 따서 번식한다. 어떤 품종들은 다른 종과 달리 잎으로 번식하기도 한다. 지상부의 식물체는 새로운 개체를 만들 수 있다. 뿌리까지도 새로운 개체로의 생산이 가능하다.
- **지역 팁(Regional Tips)**: 하워디아(Haworthia)들은 아열대 기후에서 잘 자란다. 이 하워디아는 많은 빛을 원하지 않기 때문에 창문가나 노지의 그늘진 곳에 재배하기에 좋다.

6. 리돕스(Lithops)

리돕스(Lithop)들은 지구상에서 쉽게 접할 수 있는 기괴한(weirdest) 식물 중 하나로 다육식물 애호가들에게 아주 인기가 높다. 이 리돕스는 잘 죽는 다육식물로도 악명이 높다. 사실 저자는 상금을 걸고 리돕스(Lithops)를 거의 죽이지 않는 재배자를 찾았지만 찾을 수 없는 상황이었다. 저자가 보기에 적어도 이들 리돕스를 구입하면 많이 죽는데 생존을 잘 시키면 우수한 재배자로 칭송을 받는다.

실내와 노지, 건조지역과 열대지역 등 우리의 기후조건과 재배상황이 아주 다르기 때문에

▲ 각각의 화분에 담긴 리돕스(Lithop)와 수호자 아놀 도마뱀(protective Anole)

리돕스도 물론 보편적인 일반적 재배방법과 관리법을 적용하는 데는 무리가 있다. 여러분은 저자가 한 달에 한번 물을 주라고 한다면 많이 주는 것이라고 생각하겠는가? 사실일 수 있다. 그러나 그것은 잘못된 시간에 준다면 리돕스를 죽일 수도 있다.

그러나 이 작은 괴짜 리돕스(weirdos)들은 그들의 필요를 표현하는 것이 대단하다. 우리는 일단 그들의 생육주기와 바디랭귀지(body language)를 이해해야 한다. 그래야 이들 리돕스를 쉽고 건실하게 키워갈 수 있다.

남아프리카의 건조지역에 자생하는 리돕스 다육식물들은 낮은 저자세의 삶을 살거나 저자의 표현으로는 낮은 잎으로 지낸다. 편평한 것과 돌출부 가운데서 그들은 바위나 자갈을 모방하고 흉내내어 목마른 동물이나 가축(critter)으로부터 그들의 위치를 숨긴다. 반면에 남반구에 있는 대부분의 리돕스들은 그들이 재배되는 장소의 생육계절에 적응되어 있다.

1) 생육주기(Growth Cycle)

일단 여러분이 생장 패턴을 이해하게 되면 왜 그들 리돕스가 물을 적게 필요로 하는지 알게 된다. 우리는 이들이 꽃을 피우는 단계로 여행을 해보자. 대부분의 리돕스(Lithop)는 적어도 3년이 되어야 꽃을 피운다. 이들 리돕스는 늦여름에서 가을까지 종종 꽃을 피우는데 꽃이 지고 난 다음에 바깥쪽 잎사귀 아래에서 새로운 식물체가 자라 나오기 시작한다. 그러나 여러분은 아직 그것을 볼 수 없다.

겨울에서 초봄까지 이 새로운 식물체는 계속해서 자라고 있고 바깥쪽 잎사귀는 쭈그러들고 수축한다. 새로운 잎은 혼자서 물과 영양분을 오래된 잎에서 얻는다. 이때 뿌리는 기본적으로 아무런 활동을 하지 않게 된다.

새로운 생장이 충분히 이루어졌을 때, 새로운 식물체가 출아를 할 때 바깥쪽 잎사귀는 파열되고 말라간다. 마른 뿌리는 새로운 뿌리로 대체된다. 기후조건에 따라서 리돕스(Lithop)들은 한여름에는 휴면에 들어갈 수도 있고 다시 꽃이 필때까지 부분적으로 휴면에 들어갈 수도 있다. 매년 이 주기(cycle)는 반복되고 새로운 생장은 오래된 식물체를 파괴함(bursting)으로 계속된다. 이런 사실을 이해하고 여러분은 새로운 리돕스를 구입해야 하고 따라서 꽃이 피지 않거나 파열이 되지 않는 것처럼 보이는 것을 이해해야 한다. 만약에 여러분이 여전히 이런 생육단계에 대해서 확신이 서지 않으면 여러분은 그 계절이 언제인지를 보면서 단서를 잡아야 한다.

2) 빛(Light)

이제는 이 이상한 괴짜 식물인 리돕스 다육식물의 관리에 대해 알아보자. 대부분의 다육식물처럼 이 리돕스(Lithop)가 죽는(demise) 이유도 과습(overwatering)과 광부족에 원인이 있다. 리돕스(Lithop)는 표토 위에서 볼 수 있는 극한 환경에 가장 잘 살아 남는다. 빛은 밝게 비춰어야 하는데 이는 지중의 잎(subterranean leaves) 안쪽에 있는 엽록소가 광합성을 할 수 있어야 하기 때문이다. 대부분의 사람들은 이들 리돕스를 화분에 심지 않고 야생에서 자라는 것과 같은 깊이로 심는다. 이들 리돕스는 적어도 3~5시간의 밝은 빛을 필요로 한다. 이 빛은 여러분이 제공하는 더 많은 시간의 간접광보다는 차라리 직달광을 더 좋아한다.

만약 여러분이 자신의 인공광을 조사하여 주지 않는다면 여러분은 비가 오지 않는 한 여러분이 할 수 있는 가장 강한 광을 주어야 할 것이다. 그러나 또한 야외 노지가 더울 때는 보호그늘이 필요할 것이다. 아침의 햇빛은 오후보다 부드럽다는 것을 기억하라. 그러므로 이는 다른 방해물로 빛이 차단될 때 동쪽으로 난 창문과 파티오(patio)가 더 이상적으로 좋다.

리돕스는 빛이 부족하면 황백화(etiolate)되면서 더 키가 커진다. 만약 여러분의 리돕스에도 이런 상황이 되면 더 많고 길게 빛을 쬐어주고 새 식물체가 충분히 광합성을 할 수 있도록 도와주어야 한다. 그래야 다음에 그 리돕스 식물체가 원래의 형태를 유지할 수 있게 된다. 리돕스에 물을 주는 문제, 용기사용과 토양은 아래 다음 장에서 논하기로 한다.

3) 화분(Pots)

그렇게 작은 식물이기 때문에, 리돕스는 꽤 긴 뿌리를 내리게 되는 데 용기나 화분에 심을 때는 충분히 깊어서 이 뿌리를 수용할 수 있어야 한다. 플라스틱이나 토기화분 모두 배수구를 할 수 있는 한 크게 만들어야 하고 배지인 토양은 다육식물로부터 배수가 잘 되도록 하여야 한다. 저자가 추천하는 것은 두 가지 화분을 다 사용하지만 주로 토기화분에 새로 입식하는 리돕스를 심고 이때 수분이 정체하지 않도록 주의해야 한다.

4) 토양(Soil)

리돕스를 재배하는 토양은 적어도 3일 내에 건조가 되어야 한다. 대부분의 상업적인 소매상(retailer)들은 리돕스를 다육식물 전용토양이 아니라 일반토양에 심어서 판매한다. 이 일반토양이 반드시 유기물이 풍부하다는 뜻은 아니다. 솔직히 저자가 제안하기에는 리돕스를 구입하기 전에 배수가 잘 되는 토양에 심겨져 있는가를 체크해야 한다. 이 혼합 용토에는 유기물이 적을수록 더 좋다. 저자는 100% 퍼미스(Pumice), 세일(shale), 다공성 세라믹(porous ceramic), 또는 이 3가지의 혼합물을 사용하는데 갈색의 유기물은 전혀(whatsoever) 포함하고 있지 않아야 한다. 저자가 살고 있는 지역의 기후는 1년 내내 아주 습해서 리돕스가 좋아한다기보다 더 토양이 습해서 좋지 않았다.

그러므로 만약 여러분이 습한 지역에 살고 있다면 여러분은 배수가 잘되는 배지 토양을 한 포대 사서 토양을 교정해 주어야 한다. 이것은 여러분의 리돕스를 잘 살게 하고 번식을 잘하며 유지시키는 쉽고도 확실한 방법이다. 대안으로 퍼미스나 세일, 터페이스(다공성 세라믹), 그리고 분재용 토양에 펄라이트(perlite)를 표토에 섞어주는 것이 일반적인 화분용 토양보다 낫다.

유기물이 없는 토양을 사용해야 할 뿐만 아니라 지나친 물주기를 줄이고 배지에 수분이 정체하는 것도 감소시켜야 한다. 그래야 곰팡이나 세균이 줄고 화분에 하루살이 해충이나 뿌리의 가루깍지벌레(Mealybug) 등이 실제적으로 줄어든다. 저자는 리돕스에 있는 해충들이 줄어들기를 빌면서(knock on wood) 재배하는데 아무튼 재배용토가 가장 중요하다는 것은 이론의 여지가 없다.

만약 여러분이 건조한 지역에 살고 있거나 빛이 적은 실내에서 재배하고 있다면 여러분은 리돕스의 재배주기를 숙지하고 과습이 되지 않도록 해야 한다. 그런 이후에 여러분은 좀 더 유기물이 많은 용토를 사용해야 할 것이다. 그렇게 하지 않으면 여러분은 할 수 있는 한 유기물이 적은 토양을 사용해야 한다는 것이 중요한 비밀이다.

많은 리돕스는 하나의 용기에 여러 개를 심는 것이 일반적이다. 그러면 아주 멋있게 보이나 만약에 이때 리돕스가 생육 주기가 다르면 문제가 생길 수 있다. 예를 들면 리돕스에 물을 필요로 하는 시기가 오는데 옆에 있는 다른 리돕스는 건조를 시켜야 하는 경우가 발생할 수 있다. 저자의 경우는 서로 종이 다를 때, 즉 같은 화분에서 그들의 생육주기를 보며 문제가 없이 서로 생육주기가 잘 맞는 지 확인한다. 그런 다음에 문제가 없으면 이제 최종적으로 정식을 한다. 환기(ventilation)는 숨막히게(stiflingly) 더운 기후에 아주 중요한데 특별히 미국의 휴스톤(Houston)과 같이 다습하면서 더울 때가 문제이다. 저자는 5월 중순부터 현관에 흔들리는 환풍기를 설치한다. 저자가 이 팬을 작동시키면 약간 온도도 떨어지는 것 같은데 식물도 역시 그럴 것이다.

5) 물(Water)

저자는 빛, 토양, 용기 등은 물론 적절한 시기에 적절한 물의 양의 공급이 모두 각자가 잘못되면 아마도 리돕스를 죽일 수 있다. 생육단계에 맞지 않는 시기에 물을 주는 것은 리돕스(Lithops)에게 죽음의 키스를 시키는 것과 같다. 그러나 장소에 따라 약간의 여지는 있다.

만약 여러분이 여러분의 리돕스를 관찰하다가 물을 필요로 하면 그 때 물을 주는 것이 최선이다. 리돕스가 쭈그러들거나 위축되고 화분 아래로 쳐져서 가라앉으면 물을 주어야 한다. 만약 여러분이 가볍게 눌러보면 더 부드럽게 물렁물렁하면 물을 줄 때이다.

이런 것들은 생각보다 까다로운데 즉 리돕스의 새로운 생장이 시작될 때 오래된 잎이 처지는 일과 동시에 진행되기 때문이다. 여러분이 물을 주기 전에 리돕스의 생장 단계를 알아야 하는 이유이고 이는 아주 중요하기도 하다.

여러분 모두가 꼭 알아야 할 것은 바깥쪽 잎이 마른 후에만 물을 주어야 하고 꽃이 피기 시작해서 질 때까지는 물주기를 멈추어야 한다. 개화는 일반적으로 늦여름에서 가을에 끝난다. 새로운 생장은 가을과 봄 동안에 일어나고 오래된 잎은 늦봄과 초여름부터 시작해서 한여름 사이에 말라서 없어진다. 이런 것들은 모두 기간이나 종에 따라 넓게 열려있음에도 불구하고 대략적으로 좋은 기준이 있다.

개화 후에 물을 주지 말아야 하는 주된 이유는 새로운 생장이 되는 동안 리돕스의 방식대로 물을 이용하기 때문이다. 저자가 이미 말했듯이 오래된 잎은 새로운 리돕스 식물의 생장에 내부적으로, 즉 스스로 물과 영양을 조달하는 리돕스만의 생장 패턴이 있기 때문이다.

이 기간에 뿌리는 그 기능을 멈춘다. 만약에 리돕스에게 이 단계(phase, 생육상)에 물을 주면 여러분의 다육식물인 리돕스가 재구조화(repair, 치료)를 해야 하는 데 오래된 잎에서 물과 영양을 흡수하여 혼돈을 일으키게 된다. 그러면 근계활동이 정지되고 주변에 물(수분)이 많아져서 뿌리가 썩을 수도 있다.

다시 말하지만 오래된 잎은 말라 없어지고 나면 여러분의 리돕스(Lithops)에 충분히 물을 주면 된다. 이것은 아마도 늦봄에서 초여름까지일 것이나 그 시기는 매우 다양하고 가변적이다. 받침접시가 있는 화분에 물을 천천히 30-50㎖(g) 정도 물을 주고 배수구멍을 통해서 물이 빠질 때까지 기다린 후 물이 빠지면 받침대를 제거한다. 그것이 전부이다. 물은 3~4주 후에 리돕스가 마르고 쭈그러들면 다시 물을 준다. 배수구를 통해 물이 한 번에 스며서 나올 정도로 주면 충분하다.

만약에 여름철에 한 달이 지나도 여러분의 리돕스가 수축되는 사인이 없으면 물을 주지 않아도 된다. 여러분은 뿌리가 약간의 습기를 머금도록 최상층의 표토에만 물을 주어도 된다. 덥거나 자연적인 주기로 휴면이 되었는데 물을 주면 여러분의 리돕스가 부풀어 오르고 쪼개지며 죽기도 한다.

리돕스(Lithops) 다육식물에게 물을 주는 때는 개화기(flowering), 결실기(fruiting), 그리고 새로운 생장 주기(cycle)에 들어갔을 때이다. 이것은 6개월 이상은 물을 주지 않아도 일생을 잘 유지한다는 것을 의미하는데 특별히 습한 기후지역에서는 더 그러하다.

여기에 파열하고 있는 모습의 리돕스가 있다. 바깥의 잎에서 물을 흡수하면서 새로운 생장을 하게 된다. 지금 이런 때 물을 주는 것은 기존 오래된 잎에서 물과 영양을 흡수하는 것을 방해하고 뿌리를

▲ 생장을 하기 위해서 껍질이 터지고 있는 리돕스(Lithops splitting)의 모습

썩게 하므로 차라리 물을 주지 않고 건조 상태를 유지시켜야 한다.

때때로 오래된 잎은 기부에서부터 완전히 건조되는데 반해 지상부는 풍만하게(plump) 존재하기도 한다. 새로운 리돕스 식물체가 오래된 잎(추후에 제거)으로부터 수분을 흡수하도록 그냥 두는 수밖에 방법이 없다.

일단 오래된 잎이 마르면 수축되어(pucker) 있던 새로운 잎이 나온다. 저자의 경우는 이때 물을 충분히 주고 다시 물을 필요로 할 때까지 기다렸다. 습도를 관리하는 것은 저자의 경우 중요하다고 생각했는데 스스로 할 수 있는 일이 많지 않았지만 항상 많은 관심을 가지고 지켜보았다. 리돕스는 한여름에 휴면에 들어갔고 그들도 뿌리가 생존하기 위해서는 여전히 최소한의 수분을 공급해 주어야 했다.

다시 한 번 말하지만 저자의 리돕스는 꽃을 피우지 않고 생장을 선택해서 아주 많이 자랐다. 만약에 저자가 꽃을 피우기 원했다면 꽃이 피기 시작 할 때부터 질 때까지 물을 적게 주고(sparingly) 이듬해 새로운 생명체가 출현(emerge)때까지 기다렸을 것이다. 다행스럽게도 저자는 다음 해인 아직까지 그 과정을 반복하고 있다.

가장 건조한 기후지역이라도 한 달에 1~2번 물을 주는 것이 표준(norm)이다. 만약 여러분이 이 식물을 사랑한다면 여러분은 충분한 햇빛을 비춰주면 잘 살아가게 된다. 대부분의 메셈(Mesemb)류 다육식물도 비슷한 관리를 해준다. 각각의 속에서도 생육주기를 공부하고 그에 따라 물을 소량으로 공급한다.

제7장 정원의 다육식물
(In-ground Succulents)

제7장 정원의 다육식물(In-ground Succulents)

1. 다육정원의 관리(Succlents Garden Care)

만약에 여러분이 다행스럽게도 충분히 큰 정원을 가지고 있고 대부분 온화한 겨울을 보낼 수 있다면 확실히 말하지만 노지에 추위에 좀 강한 다육식물을 심어도 된다. 비록 해충이나 강우, 습도와 때때로 눈이나 영하로 내려가 얼음이 얼지라도 말이다. 잘 계획된 공간이라면 이런 불리한 기상환경 요소로부터 보호될 수 있도록 대책을 강구해 준다. 여러분은 다육식물의 종류에 따라 적절하게 선호하는 장소를 알게 될 것이다. 반면에 다른 몇몇 다육식물들은 조절하고 보호하기가 어려우면 화분에 심어야 한다. 여러 다른 종으로 실험을 해보면 어떤 종은 월동을 위해 토양에서 파내어 보관해야 하고 분갈이를 해주기도 해야 한다.

▲ 저자의 집 뒤뜰에 있는 다육식물 정원

저자가 기술한 지역 팁: 추위(Regional Tips: Cold) 편을 읽어보라. 베드를 여러분의 집 담장과 마주보고 설치하면 비나 찬바람으로부터 보호가 잘 된다. 또한 자유롭게 단독으로 설치되어 있는 베드보다 서리방지용 천을 설치하기도 좋다. 북쪽으로 베드를 설치하는 것은 바람직하지 않은데 이는 햇빛은 최소한으로 비치고 찬바람은 가장 강하게 불기 때문이다. 동쪽으로 설치하는 것이 아침에 부드러운 빛을 받을 수 있어서 좋고 서쪽면으로 설치하면 오후에 햇빛이 너무 강할 수 있다. 남쪽은 동쪽과 서쪽의 중간쯤으로 나타난다. 저자는 겨울의 추위 문제(woe)와 비나 햇빛으로부터 식물을 보호하기 위해 변형을 시켜 서쪽면으로 암석원을 조성하고 통행로 길을 내었다.

저자는 그녀의 정원에 선물로 받은 정말 큰 손바닥선인장 패드로 그녀의 앞마당에 사막식물 정원(xeriscaped, 내건성 식물원)을 만들었다. 그래서 저자는 어떤 큰 화분로도 수용할 수 없을 만큼 큰 이 다육식물은 토양을 관리할 수 없어서 노지에 심었다. 겨울을 2번 지난 후 이들 손바닥 선인장은 현재도 잘 자라고 있는데 저자는 1m까지 베드를 확장시켜서 설치해 주었다. 여러분도 시험 삼아 작은 공간에 다육식물을 심어두고 재배해 보라.

1) 보호(Protection)

눈이 오고 영하로 떨어지는 지역에서는 여러분의 정원에 서리방지용 천을 설치하고 베드의 끝과 건물 벽 사이에 여분의 공간을 만들어 둔다. 여러분은 정원에 말뚝을 박고 천을 고정해주면 바람에 날아가지 않는다. 저자는 계속해서 2일 이상 온도가 7℃ 이하로 내려가 걱정이 되면 보호 관리를 해주는데 더 걱정이 될 때는 비가 와서 다육식물 주변 토양에 물이 잘 배수되지 않을 때이다. 미국 휴스턴에서는 2017년 1월초에 추위가 왔을 때 -4℃가 3일 연속 계속되었다. 저자는 다육식물을 덮어주고 비가 오지 않기를 기도했다. 다행히도 무사하게 잘 넘어갔는데 만약 그렇게 하지 않았다면 아마 베드를 넓혀 확장하지 못했을 것이고 그랬으면 이 책도 나오지 못했을 지도 모른다.

저자는 그녀의 다육식물 정원을 사랑하고 잘 이해하고 있기에 비바람을 맞은 몇몇 식물을 잃을 것이라는 것을 안다. 저자는 어떤 특별한 것으로 실험을 하지 않았지만 다행히도 열악한 날씨에서 생존하는 데 더 나은 종을 선택하였었다. 다육식물은 여러분이 살고 있는 기후에 적응하거나 여러분의 주변에 요즘 볼 수 있는 것을 선택하는 것이 좋다. 겨울이 온화할 수도 있고 반면에 며칠 동안 연속해서 영하로 떨어지는 날이 계속 나타날 수도 있다. 저자의 충고는 매년 조금씩 확장해 가면서 재배해 보라는 것이다.

2. 다육정원 만들기(Succlents Garden Construction)

1) 경계(Borders)

여러분은 베드를 비가 올 때 배수가 잘되고 물이 잘 흘러가도록 경계를 만들어야 한다. 저자는 테두리(edger)를 콘크리트로 만들었고 옆에는 돌로 경계석을 두었다. 그 사이에 물이 흘러 나가도록 약간의 공간(gap)을 만들어 두었다.

▲ 배수를 위해 언덕을 만들고 있는 경계구역 공간

2) 토양(Soil)

휴스턴(Houston)의 자연적인 토양은 너무 점토질이 너무 많아 다육식물을 재배하기 위해서 수분을 빨리 증발시켜야 한다. 그리고 여러분도 토양을 개량하여야 할 필요가 있을 것이다. 저자는 표토, 퍼미스(pumice), 다공성 세라믹 토양개량제, 팽창혈암을 혼합한 큰 통을 옆에 두고 15cm 정도로 토양을 바꾸어 주었다. 이때 가장자리 부분까지 토양을 채우면 충분하고 배수가 잘 되도록 경사를 만들어 준다.

3) 언덕만들기(Forming a Hill)

야생에서 보통 다육식물은 바위절벽이나 경사지 사이에서 자란다. 그곳은 빗물이나 배수가 잘 되는 토양이다. 그래서 여러분의 다육식물 정원을 디자인할 때는 자연을 흉내 내어 빨리 배수가 되도록 토양으로 언덕을 만들고 돌들을 깔아주어서 식물체와 흙을 지지하면서 배수가 잘 되게 해준다.

▲ 큰 돌을 가지고 계단식 언덕 만들기

일단 저자는 가볍게 수리를 하였다. 베드를 다시 채우고 계속해서 토양언덕을 만들고 벽에는 자연스럽게 경사가 생기도록 경사(구배)를 주었다. 저자는 손으로 모양을 내고 가장 높은 곳에서부터(hilltop) 작은 산봉우리처럼 만들어 경사를 만들어 주었다. 돌을 가지고 납작한 지대로 윤곽을 만들고 시각적으로 높은 계단에서 반복적으로 몇 인치(inch)씩 낮게 만들어 갔다.

테라스(terrace)를 만들 때는 빗물이 어디에서 어떻게 배출될 것인지를 유의해서 만들어야 한다. 여러분도 베드 어딘가에 물웅덩이가 생기기를 원치 않을 것이다. 그러므로 충분한 흙을 가지고 공간을 채워야 한다. 여러분의 경계사이에 있는 빈 공간(gap)을 낮은 지점으로 유도되도록 맞추고 조정해야 한다. 자연스럽게 돌을 이용해서 개울(rivulet)을 만들고 물이 흘러내리게 하여 여러분이 남겨두고 만들어둔 공간으로 배수를 시킬 수도 있다.

4) 정원용 다육식물 선택하기(Selecting Succulents for Planting In-ground)

저자가 처음 만들어서 노지 정원에 심은 다육식물은 그들을 약 1주일 정도 베드 근처의 화분에 둠으로 햇빛에 적응이 되도록 했다. 다육식물의 진단과 치료: 광도 증가시키기 편(Succulent SOS: Take Action-Increase Light)를 참조(94페이지)하시오. 너무 강한 햇빛으로 인한 증상이 나타날 때는 자르지(cut) 말고 현관(porch)으로 이동시킨다. 저자가 베드작업을 한 때는 초봄이었기 때문에 여름까지는 그들의 토양이 파삭파삭하여도(crisp) 스트레스를 받지 않았을지 모른다. 다육식물은 경사지게 각도를 가지고 언덕 쪽에 심고 돌과 함께 반쯤 묻어두었다. 일자로 곧게, 아주 우직하게 하기보다는 잎에 있는 물이 빨리 흘러가는 것을 돕도록 구배를 두었다.

뿌리를 토양층보다 약간 높이는 것도 좋다. 추위에 강한 종인 셈퍼비붐(Sempervivum)과 돌나물(Stonecrop)인 세덤(Sedum)은 영하의 온도에서도 견디기 때문에 이들 다육식물은 뿌리가 높고 건조하게 유지할 수 있도록 심는다.

▲ 잎에서 물이 잘 흘러내려 가고 햇빛도 잘 받도록 비스듬히 경사(각도)를 주어 심은 다육식물

저자의 정원은 지붕으로 가볍게 덮여져 있다. 그래서 여전히 비가 오면 젖기는 하지만 때때로 아주 많은 비가와도 편안하다. 저자는 단지 밝고 섬세한 *세덤 자포니쿰*(*Sedum japonicum*) 몇 개체(군락)만 잃었을 뿐이다. 며칠 동안 아침에 계속해서 비가 온 후 이들은 햇빛이 비치는 쪽으로

자라나왔다. 저자는 또한 그녀의 *에케베리아 피코키(Echeveria peacockii)*가 너무 많은 수분 때문에 힘들어 하는 것을 보고 다육식물을 뽑아내고 분갈이를 해 주었다. 저자의 생각에는 다육식물을 심기 전 뿌리주변에 유기물 토양을 제거했더라면 노지에 심겨진 다육식물에게 더 좋았을 것이라고 한다.

다육식물과 선인장 종들은 잘라 내어도 여전히 강한 생존력을 자랑한다. 이런 것들에는
그랍토페탈룸 파라구아이엔세(Graptopetalum paraguayense),
그랍토베리아 '프레드 이브스'(*Graptoveria* 'Fred Ives'),
마밀라리아 스피노시시마(Mammillaria spinosissima),
세네시오 만드랄리스체 '블루 초크 스틱'(*Senecio mandraliscae* 'Blue Chalk Sticks'),
세덤 아돌피 '파이어스톰'(*Sedum adolphii* 'Firestorm')과 '골든 세덤'('Golden Sedum'),
세레우스 페루비아누스(Cereus peruvianus),
오푼티아 산타-리타(Opuntia santa-rita),
오푼티아 투나(Opuntia tuna),
에케베리아 미니마(Echeveria minima),
에케베리아 '네온 그로우'(*Echeveria* 'Neon Glow'),
에케베리아 '릴라시마'(*Echeveria* 'Lilacina'),
에케베리아 '펄 폰 뉘른베르크'(*Echeveria* 'Perle von Nurnberg'),
에케베리아 '티피' (*Echeveria* 'Tippy'),
에키놉시스 옥시고나(Echinopsis oxygona),
유포르비아 트리고나(Euphorbia trigona),
유포르비아 티루칼리 '스틱온파이어'(*Euphorbia tirucalli* 'Sticks on Fire'),
칼랑코에 마니리아나(Kalanchoe marnieriana),
칼랑코에 페첸코이 '라벤더 스캘롭'(*Kalanchoe fedtschenkoi* 'Lavender Scallops'),
트리초세레우스 스키첸단지(Trichocereus schickendantzii),
파로디아/노토캑터스 부이닝기(Parodia/Notocactus buiningii),
필로세레우스 아주리우스(Pilocereus azureus) 등이 있다.

5) 공간 디자인하기(Designing the Space)

사막식물 정원(xeriscaping)에 대한 좋은 책들이 많은데 여러분이 그 책들을 읽다보면 영감을 얻을 수 있을 것이다. 저자는 여기서 선호하는 디자인 몇 가지만 다루어 보려고 한다. 저자는 베드 뒤쪽에 키가 큰 선인장과 *유포르비아 티루칼라(Euphorbia tirucalli)*를 배치하기를 좋아하는데

▲ 큰 식물이 잘 보이도록 뒷쪽에 심고 있는 모습

그래야 작은 다육식물이 가려서 안 보이는 일이 없다. 저자는 또한 유사한 종들을 가까이 모아서 홀수(odd number)로 그룹화 하는 것을 좋아한다. 반면에 그룹들 사이에는 소극적인 공간(negative space, 물체에 의해 둘러 싸여서 생기는 공간)을 남겨두었다. 중앙에는 색깔이 있는 다육식물을 배치하고 베드의 각각의 끝에는 여러분의 시야를 사로잡는 사막식물 정원(xeriscaped)을 가로지르는 길을 만들었다. 더 작은 선인장은 큰 돌로 액센트(accented)를 두거나 비어있는 주변에 공간이 있을 때 배치하였다.

여러분은 모파니우드(Mopani wood)나 드리프트우드(driftwood)와 같은 자연소재를 사용해서 시각적 초점을 만듦과 동시에 더 작은 세덤(Sedums)이나 포복성이자 지피용(trailing)인 다육식물을 들어올려 그늘을 제공할 수 있다. 큰 석영(수정) 돌덩어리와 점판암(slate)으로 절벽이나 둥근 돌로 표지석(boulders)을 만들 수도 있다. 만약에 여러분이 멋있는 돌이나 조개껍질을 가지고 있다면 여러분의 다육식물 정원은 이들을 전시하는 완벽한 장소가 될 것이다. 그러나 햇빛이 강할 때는 이에 따라 돌들의 온도가 높아질 수 있다는 것을 주의해야 한다.

제8장 다육식물과 자재 구입하기 (Buying Guide)

제8장 다육식물과 자재 구입하기(Buying Guide)

1. 식물구입(Buying Plants)

1) 다육식물 구입처(Where to Find Succulents for Sale)

(1) 구입 지역(Locally)

물론 큰 가게에서 다육식물을 판매하지만 이 슈퍼스토어 가게들은 다양한 종류를 가지고 있지 않아서 선택과 교환이 어렵고 또한 특이한 종을 구할 수 없어서 다른 곳에서 구입하게 될 수 있다. 그리고 반면에 체인스토어의 일부에서 더 관리를 잘할 수 있다. 아주 일상적으로 해충에 감염되었거나 과도한 물주기로 다육식물이 이미 죽기 직전인데도 비싼 값에 팔리기도 한다.

조심해야 할 일 중 하나는 페인트를 뿌리거나 풀(hot-glued)로 꽃을 만들어 붙이는 사람들이 있다는 것이다. 이러한 강한 분홍색(hot-pink) 하워디아(Haworthia)들은 끈적끈적한(tacky) 광합성 차단 페인트를 사용하면 물로 잘 씻어지지도 않는다. 그리고 이러한 선인장(cacti) 꽃들은 아주 잘 건조가 되고 염색이 된 건조화로 살아있는 식물에 접착제(hot glue)를 가지고 접착을 하기도 한다. 확신이 안서면, 그것을 만져보라. 여러분은 정말 실제적인 꽃으로 느껴질 것이다.

대부분의 선인장(cacti) 꽃은 마르기도 전에 시들고 떨어질 것이다. 건드리면 더 잘 떨어지게 될 것이다. 식물에 처리한 접착제를 제거하면서 여러분은 육묘상에서(nursery) 가끔씩 훼손되고 상태가 나쁜 다육식물을 발견하게 될 것이다. 그리고 왜 그것이 식물에 나쁜가를 알게 된다. 그래서 그런

▲ 안쓰러운 마음이 드는 페인트로 염색한 선인장 상품들

식물을 사는 것을 멈추게 되고 더 좋은 상품(inventory)으로 교환하게 된다.

혹독하지 않은 환경과 기후를 가진 대도시(large city)에 사는 사람들은 다육식물에게 다정하고 부드럽다. 지방에서는 꽤 재배하는데 어렵다. 그러나 저자는 계속해서 관찰하였고 더 인기가 있게 자라는 다육식물 목록은 길어지고 많아져 더 인기가 있게 되었다. 인터넷을 찾아보는 것 외에 주변이나 인근 다육식물을 취급하거나 추천하는 육묘상에 도움을 요청할 수 있다. 다수의 지역기반의 다육식물 포럼(forum)이나 페이스북(Facebook)이나 기타 여러 정보원을 이용할 수 있다. 지역 모임에 참여해서 물어보고 양질의 다육식물을 판매하는 곳을 발견하면 구입해보라.

또한 여러분이 찾는 다육식물이 어디에 있는지 계속 알아보고 필요하면 구입한다. 저자가 발견한 대단한 선택은 아시안 그로서리 스토아(grocery store)에서인데 약간의 채소와 고추묘를 따라 그 주변에서 발견한 것이었다. 또 다른 곳에서는 JRN이라는 희미한 이름을 가진 것으로 베트남 원산의 식물이라는 것이 판명되었다. 분재용 나무의 모든 것으로 *몬스테라 아단소니*(*Monstera adansonii*)부터 기괴하게 생긴 근경식물(caudex plants)까지 있었고 이는 저자가 본 가장 큰 에케베리아(Echeveria)이었다. 말할 것도 없이 저자는 흥분했고 그녀의 모든 돈을 기꺼이 이 식물을 사는데 지불하였다. 여러분에게 행운이 따른다면 여러분이 살고 있는 도시에 선인장과 다육식물 학회가 있을 지도 모른다. 만약 그렇다면 그들은 계절다라 다육식물을 판매도 할 것이고 여러분 지역의 기후에 이미 잘 적응된 아주 좋은 다육식물을 구입할 수 있는 아주 대단한 행운을 갖게 될지도 모른다.

(2) 온라인으로 구매하기(Buying Online)

솔직히 말해서 저자는 너무 많은 곳에서 온라인으로 주문하지는 않는다. 그러나 저자가 들은 다른 사람의 경험은 일주일에 서너 번이다. 어떤 가게는 소매점이나 개인 소유의 가게보다 더 빠르고 나은 고객서비스를 제공하는 곳이 있다. 저자는 주문에서 배송까지 상당한 시간이 걸림에도 불구하고 여전히 부부가 경영하는(mom-and-pop) 플로리다의 밥 스몰레이(Bob Smoley's) 육묘가게를 좋아한다. 여러분은 인스타그램(Instagram), 페이스북(Facebook), 다육식물 포럼(succulent forums) 등에서 명성이 있는 판매점을 발견할 수 있는데 게다가 여러분이 사기 위해 고심하는 다육식물 가게에서 다른 사람들의 의견을 들을 수도 있다.

(3) 다육식물의 수입(Imported Succulents)

수입 다육식물이 비싼 이유로 첫째, 희귀한 것이기 때문이다. 그렇기 때문에 해외에서 수입 과정 중에 포장을 잘해도 생존율이 떨어지므로 여러분은 가격이 비싸지는 것을 이해해야 한다. 만약 여러분이 경제적으로 손해를 보지 않으려면 여러분이 살고 있는 곳, 즉 그 지역에서 구매해야 한다. 그렇지 않으면 더 많은 구입비를 지불해야 할지도 모른다.

(4) 초보자 안내(Beginner Friendly)

쉽게 재배하는 많은 다육식물의 애호가들을 위해서 새로운 유지방법을 추천하고 매뉴얼을 제공하고 있다. 첫 번째 항목은 로제트형이 확실한(obvious) 에케베리아(Echeveria)와 그랍토페탈룸(Graptopetalums) 들이다. 두 번째 항목은 로제트형으로서 더 긴 잎을 가진 알로에(Aloe)와 하워디아(Haworthia)로 좀 다른 형태를 마찬가지로 가지고 있다. 여러분은 이런 식물들의 더 많은 사진들을 sucsforyou.com 홈페이지에서 색인으로 찾아볼 수 있다.

2. 다육식물의 특성별 목록(Plant List)

1) 로제트형 다육식물(Rosette Heads)

▲ 로제트형 다육식물인 *그랍토페탈룸 벨룸*(*Graptopetalum bellum*)의 모습

- *그랍토베리아* '데비에'(*Graptoveria* 'Debbie')
- *그랍토베리아* '프레드 이브스'(*Graptoveria* 'Fred Ives')
- *그랍토세덤* '캘리포니아 선셋'(*Graptosedum* 'California Sunset')
- *그랍토페탈룸* 파라구아엔세 '고스트 플랜트'(*Graptopetalum paraguayense* 'Ghost Plant')
- *세덤 아돌피* '골든'(*Sedum adolphii* 'Golden')
- *세덤 아돌피* '파이어스톰'(*Sedum adolphii* 'Firestorm')
- *세데베리아* '스타버스트'(*Sedeveria* 'Starburst')
- *에오니움* '키위'(*Aeonium* 'Kiwi')
- *에케베리아 노둘로사*(*Echeveria nodulosa*)
- *에케베리아 리라시나*(*Echeveria lilacina*)
- *에케베리아 미니마*(*Echeveria minima*)
- *에케베리아 서브세실리스*(*Echeveria subsessilis*)
- *에케베리아 풀리도니스*(*Echeveria pulidonis*)
- *에케베리아 프로리피카*(*Echeveria prolifica*)
- *에케베리아* '네온 브레이크'(*Echeveria* 'Neon Breakers')
- *에케베리아* '로라'(*Echeveria* 'Lola')
- *에케베리아* '톱시 터비'(*Echeveria* 'Topsy Turvy')
- *에케베리아* '티피'(*Echeveria* 'Tippy')
- *에케베리아* '펄 폰 뉘른베르크'(*Echeveria* 'Perle von Nurnberg')

2) 로제트형이 아닌 다육식물들(Non-Rosette Heads)

▲ *유포르비아 수자니에(Euphorbia suzannae)*의 모습

- *김노칼리시움 미하노비치* 변종 프리에드리치(*Gymnocalycium mihanovichii* var. friedrichii)
- *김노칼리시움 발디아눔* '친 캑터스'(*Gymnocalycium baldianum* 'Chin cactus')
- *레데보리아 소시알리스* '실버 스퀼'(*Ledebouria socialis* 'Silver Squill')
- *마밀라리아 그라실리스 프라질리스* '심블 캑터스'(*Mammillaria gracilis fragilis* 'Thimble cactus')
- *마밀라리아 멜라노센트라(Mammillaria melanocentra)*
- 미르틸로캑터스 지오메트리잔스 '블루 캔들 캑터스'(*Myrtillocactus geometrizans* 'Blue Candle cactus')
- *산세베리아 실린드리카(Sansevieria cylindrica)*
- *세네시오 라디칸스* '스트링 바나나스'(*Senecio radicans* 'String of Bananas')
- *세네시오 크라시시무스* '라벤더 스텝'(*Senecio crassissimus* 'Lavender Steps')
- *세레우스 페루비아누스* '페루비안 애플 캑터스'(*Cereus peruvianus* 'Peruvian Apple cactus')
- *세레우스 포르베시 몬스트로즈* '밍 싱 캑터스'(*Cereus forbesii monstrose* 'Ming Thing cactus')
- *스타펠리아 그랜디플로라(Stapelia grandiflora)*

– 아가베 로판다(*Agave lophantha*)
– 아나캄프세로스 루페센스 '선라이즈' (*Anacampseros rufescens* 'Sunrise')
– 알로에 마쿨라타(*Aloe maculata*)
– 알로에 바바덴시스(*Aloe barbadensis*
– 알로에 베라(*Aloe vera*)
– 알로에 유벤나(*Aloe juvenna*)
– 에키놉시스 서브데누다타 '도미노 캑터스' (*Echinopsis subdenudata* 'Domino cactus')
– 유포르비아 수자니에(*Euphorbia suzannae*)
– 유포르비아 폴리고나 '스노우플레이크' (*Euphorbia polygona* 'Snowflake')
– 칼랑코에 가스토니스–본니에리 '동키 이어' (*Kalanchoe gastonis–bonnieri* 'Donkey Ear')
– 칼랑코에 롬보필로사(*Kalanchoe rhombopilosa)*
– 칼랑코에 루시아 ' 플랩잭' (*Kalanchoe luciae* 'Flapjacks')
– 칼랑코에 비하렌시스 x 칼랑코에 토멘토사 '팡' (*Kalanchoe beharensis* x *K. tomentosa* 'Fang')
– 칼랑코에 신사팔라(*Kalanchoe synsapala*)
– 칼랑코에 오르기알리스 '쿠퍼 스푼' (*Kalanchoe orgyalis* 'Copper Spoons')
– 칼랑코에 토멘토사 '초콜릿 솔져' (*Kalanchoe tomentosa* 'Chocolate Soldier')
– 칼랑코에 토멘토사 '판다 플랜트' (*Kalanchoe tomentosa* 'Panda Plant')
– 파로디아 부이닝기(*Parodia buiningii*)
– 파로디아 웨르네리(*Parodia werneri*)
– 포르툴라카리아 아프라 '엘리펀트 부시' (*Portulacaria afra* 'Elephant Bush')
– 하워디아 레인와르티(*Haworthia reinwardtii*)
– 하워디아 리미폴리아(*Haworthia limifolia*)
– 하워디아 어테누아타 '지브라 플랜트' (*Haworthia attenuata* 'Zebra plant')
– 후에르니아 제브리나 '라이프세이브 플랜트' (*Huernia zebrina* 'Lifesaver Plant')

3) 더 발달된 다육식물(More Advanced)

▲ 세심한 관리가 필요한 *마밀라리아 보카사나* '프레드'(*Mammillaria bocasana* 'Fred')의 모습
이런 변종들은 특별해서 더 많은 관리, 즉 환경조절을 잘해야 건강하게 잘 유지시킬 수 있다.

- 리돕스 품종들(Lithops species)
- *세네시오 로우리아누스* '스트링 펄'(*Senecio rowleyanus* 'String of Pearls')
- *세네시오 하워디* '울리 세네시오(*Senecio haworthii* 'Woolly Senecio')
- *세덤 루브로팅크툼* '젤리 빈'(*Sedum rubrotinctum* 'Jelly Beans')
- *세덤 모르가니아눔* '뷰로테일'(*Sedum morganianum* 'Burro's Tail')
- *알로이놉시스 스쿠니세*(*Aloinopsis schooneesii*)
- *알부카 스피랄리스*(*Albuca spiralis*)
- 에오니움 품종들(Aeoniums)
- *오로스타키스 보헤메리* '차이니즈 둔스 캡'(*Orostachys boehmeri* 'Chinese Dunce Caps')
- *코틸레돈 토멘토사* '베어 포'(*Cotyledon tomentosa* 'Bear Paws')
- *크라슐라 카피텔라* '캠프파이어'(*Crassula capitella* 'Campfire')
- *티타놉시스 칼카리아*(*Titanopsis calcarea*)

- *파키피툼* x *세덤* '간조우'(*Pachyphytum* x *Sedum* 'Ganzhou')
- 파키피툼 *오비페룸* '문스톤'(*Pachyphytum oviferum* 'Moonstones')
- *페네스트라리아 오란티아카* '베이비 토'(*Fenestraria aurantiaca* 'Baby Toes')

4) 약한 광에서도 잘 자라는 다육식물(Part Sun)

▲ 상대적으로 약광에서도 잘 자라는 *알로에 아리스타타* x *가스테리아*(*Aloe aristata* x *Gasteria*)의 모습
이 다육식물들은 여러분의 *에케베리아*(*Echeveria*) 평균보다 광이 적어도 되는 종들이다.

- *도르스테니아 포에티다*(*Dorstenia foetida*)
- *디소캑터스 라물로사*(*Disocactus ramulosa*)
- *레데보우리아 소시알리스* '실버 스퀼'(*Ledebouria socialis* 'Silver Squill')
- 립살리스 품종들(Rhipsalis species)
- 산세베리아 *실린드리카*(*Sansevieria cylindrica*)
- *세네시오 라디칸스* '스트링 바나나스'(*Senecio radicans* 'String of Bananas')

– *세네시오 라디칸스* '스트링 티어'(*Senecio radicans* 'String of Tears')
– *스타펠리아 그랜디플로라*(*Stapelia grandiflora*)
– *알로에 디스탄스*(*Aloe distans*)
– *알로에 바르바데니스*(*Aloe barbadensis*)
– *알로에 베라*(*Aloe vera*)
– *알로에 아리스타타*(*Aloe aristata*)
– *알로에 아큘리아타*(*Aloe aculeata*)
– *에케베리아 세토사*(*Echeveria setosa*)
– *에케베리아 풀비나타*(*Echeveria pulvinata*)
– *오푼티아 모나칸사* 변종 *바리에가타*(*Opuntia monacantha* var. *variegata*)
– *유포르비아 데카리*(*Euphorbia decaryi*)
– *유포르비아 부플레우리폴리아* x 수자니에(*Euphorbia bupleurifolia* x suzannae)
– *유포르비아 인젠스*(*Euphorbia ingens*)
– *유포르비아 트리고나*(*Euphorbia trigona*)
– *유포르비아 폴리고나* '스노우플레이크'(*Euphorbia polygona* 'Snowflake')
– *칼랑코에 가스토니스*–본니에리 '동키 이어'(*Kalanchoe gastonis*–bonnieri 'Donkey Ear')
– *칼랑코에 롬보필로사*(*Kalanchoe rhombopilosa*)
– *칼랑코에 밀로티*(*Kalanchoe millotii*)
– *칼랑코에 비하렌시스* x *칼랑코에 토멘토사* '팡'(*Kalanchoe beharensis* x *K. tomentosa* 'Fang')
– *칼랑코에 신사팔라*(*Kalanchoe synsapala*)
– *칼랑코에 오르기알리스* '코퍼 스푼'(*Kalanchoe orgyalis* 'Copper Spoons', 세모리아)
– *코틸레돈 토멘토사* '베어 포'(*Cotyledon tomentosa* 'Bear Paws')
– *포툴라카리아 아프라* '엘리펀트 부시'(*Portulacaria afra* 'Elephant Bush')
– *플렉트란더스 토멘토사*(*Plectranthus tomentosa*)
– *하워디아 레인와르티*(*Haworthia reinwardtii*)
– *하워디아 리미폴리아*(*Haworthia limifolia*)
– *하워디아 어테누아타* '제브라 플랜트'(*Haworthia attenuata* 'Zebra plant')
– *후에르니아 제브리나* '라이프세이브 플랜트'(*Huernia zebrina* 'Lifesaver plant')
– *힐로세레우스 운다투스* '드래곤 플롯'(*Hylocereus undatus* 'Dragon Fruit')

5) 추위에 강한 다육식물(Cold-Hardy)

▲ 추위에 강한 다육식물 *압테니아 코르디폴리아 바리에가타* '하트리프 아이스플랜트'(*Aptenia cordifolia variegata* 'Heart Leaf Ice Plant')의 모습. 추위에 강한 다육식물의 종류는 적다. 왜냐하면 영하의 온도에서 견디는 종이 많지 않기 때문이다. 그러나 몇몇 종들은 겨울에 건조하게 유지해주면 서리나 영하의 온도에서도 생존이 가능하다.

- *그랍토페탈룸*(*Graptopetalum* paraguayense)
- *대시릴리온 텍사눔*(*Dasylirion texanum*)
- 델로스퍼마 품종들(Delosperma species)
- 돌나물(Stonecrop)
- *마밀라리아 헤이데리*(*Mammillaria heyderi*)
- *만프레다 비르기니카*(*Manfreda virginica*)

- 세덤 품종들(Sedum species)
- 셈퍼비붐 품종들(Sempervivum species)
- 아가베 아메리카나(*Agave americana*)
- 아가베 오바티폴리아(*Agave ovatifolia*)
- 아리오카르푸스 피수란트스(*Ariocarpus fissuratus*)
- 아스트로피툼 미리오스티그마(*Astrophytum myriostigma*)
- 알로에 브레비폴리아(*Aloe brevifolia*)
- 알로에 스트리아툴라(*Aloe striatula*)
- 알로에 시리아리스(*Aloe ciliaris*)
- 알로에 주변나(*Aloe juvenna*)
- 알로에 페록스(*Aloe ferox*)
- 알로에 휴밀리스(*Aloe humilis*)
- 에키노세레우스 대시아칸더스(*Echinocereus dasyacanthus*)
- 에키노세레우스 리기디시무스 아종 루비스피누스(*Echinocereus rigidissimus* ssp. rubispinus)
- 에키노캑터스 그루소니(*Echinocactus grusonii*)
- 오레오체레우스 트롤리이(*Oreocereus trollii*, 백운금)
- 오푼티아 엔겔마니 변종 린드헤이메리(*Opuntia engelmannii* v. lindheimeri)
- 유카 루피콜라(*Yucca rupicola*)
- 유카 알로이폴리아(*Yucca aloifolia*)
- 유포르비아 레지니페라(*Euphorbia resinifera*)
- 페로캑터스 비슬리제니(*Ferocactus wislizeni*)
- 포우퀴에리아 스플렌덴스(*Fouquieria splendens*)
- 헤스페랄로에 파르비플로라(*Hesperaloe parviflora*)

6) 고온다습에 잘 견디는 다육식물들(Hot and Humid)

▲ 고온다습에 잘 견디는 골든 세덤(Golden Sedum, 왼쪽), *그랍토페탈룸 파라구아옌세(Graptopetalum paraguayense*, 오른쪽)의 모습

- *그랍토베리아* '데비에'(*Graptoveria* 'Debbie')
- *그랍토베리아* '프레드 이브스'(*Graptoveria* 'Fred Ives')
- *김노칼리시움 미하노비치* 변종 *프리에드리치(Gymnocalycium mihanovichii* var. *friedrichii)*
- 대부분의 유포르비아(Euphorbia)
- 대부분의 칼랑코에(Kalanchoes)
- 대부분의 하워디아(Haworthia)
- *레데보우리아 소시알리스* '실버 스퀼'(*Ledebouria socialis* 'Silver Squill')
- *마밀라리아 멜라노센트라(Mammillaria melanocentra)*
- *산세베리아 실린드리카(Sansevieria cylindrica)*
- *세네시오 라디칸스* '스트링 바나나스'(*Senecio radicans* 'String of Bananas')

- *세네시오 라디칸스* '스트링 티어'(*Senecio radicans* 'String of Tears')
- *세네시오 크라시시무스* '라벤더 스텝'(*Senecio crassissimus* 'Lavender Steps')
- *세데베리아* '스타버스트'(*Sedeveria* 'Starburst')
- *스타펠리아 그랜드플로라*(*Stapelia grandiflora*)
- *스타펠리아 기갠티아*(*Stapelia gigantea*)
- *아나캠프세로스 루페스센스* '선라이즈'(*Anacampseros rufescens* 'Sunrise')
- *알로에 마쿨라타*(*Aloe maculata*)
- *에케베리아 리라시나*(*Echeveria lilacina*)
- *에케베리아* '네온 브레이크'(*Echeveria* 'Neon Breakers')
- *에케베리아* '톱시 터비'(*Echeveria* 'Topsy Turvy')
- 에피파이틱 정글 선인장(Epiphytic jungle cacti)
- *오푼티아 피커스-인디카*(*Opuntia ficus-indica*)
- *유포르비아 수자니에*(*Euphorbia suzannae*)
- *칼랑코에 롬보필로사*(*Kalanchoe rhombopilosa*)
- *칼랑코에 비하렌시스* x *칼랑코에 토멘토사* '팡'(*Kalanchoe beharensis* x *K. tomentosa* 'Fang')
- *칼랑코에 신사팔라*(*Kalanchoe synsapala*)
- *파로디아 웨르네리*(*Parodia werneri*)
- *포툴라카리아 아프라* '엘리펀트 부시'(*Portulacaria afra* 'Elephant Bush')
- *하워디아 리미폴리아*(*Haworthia limifolia*)

3. 자재 구입하기(Supplies)

여기에는 여러분이 필요로 하거나 앞으로 필요로 할 수 있는 인터넷 사이트 내용을 소개한다.

1) 토양과 배수 자재들(Soil and Drainage Materials)

- 표토용 토양(Top soil)
- 펄라이트(Perlite)
- 퍼미스(Pumice)
- 터페이스/다공성 세라믹 토양개량제(Turface/Porous ceramic soil conditioner)
- 팽창혈암(Expanded shale)
- 적옥토(Akadama, 赤玉土)
- 용암(Lava rock)

2) 화분(Potting)

- 배수구가 있는 유약이 없는 토기화분(Unglazed clay pots with drainage holes)
- 점토 화분받침(Clay saucers)
- 큰 배수용 구멍을 막는 덮개(Screen to cover larger drainage holes)
- 작은 플라스틱 육묘 화분(Small plastic nursery pots)
- 플라스틱 칵테일 판 받침(Plastic cocktail plates for saucers)

3) 도구(Tools)

- 토양을 파거나 담는 삽(Spade for scooping dirt)
- 토양과 배수재료를 담는 큰 통(Big bins for holding dirt and drainage materials)
- 호스로 물을 채우거나 빗물을 받는 큰 통이나 버킷(Big bin or bucket for catching rain water or filling by hose)
- 작은 새싹용 물 주전자(Watering pitcher with a small spout)
- 세척 작업용 얕은 물통(A shallow bin to work over for easy clean up)
- 다양한 크기의 바가지(Scoops of various sizes)
- 해충퇴치, 작은 식물 심기, 청소를 위한 핀셋이나 보조도구(Tweezers for cleaning, potting

small plants, pest removal)
- 토양종자 파종용 체(Sifter for making seedling soil)
- 번식용 트레이(Trays for propagations)
- 크고 작은 빗자루와 쓰레받기(Broom and dustpan, full size and hand-held)
- 잎사귀 청소용 솔(Brushes for cleaning leaves)
- 잎을 말리거나 흙을 불어 청소하는 진공청소기(Bulb aspirator for blowing away dirt and drying leaves)

4) 해충방제 자재(Pests Control)

- 소독용알코올(Rubbing alcohol)
- 물비누(Neem oil, 님오일)
- 살충제-필요시(Other pesticides if necessary)
- 소형분무기(Spray bottle)
- 병충해 격리용 통(Bins for treating and quarantining)

5) 보광 자재(Grow Lights)

- 고정대(Fixture)
- 전구(Bulbs)
- 걸이(Hangers)
- 스탠드(Stand)
- 전원 공급장치(Power supply)
- 타이머(Timer)
- 테이블(Table)
- 물막이 트레이(Trays for catching water)

제9장 다른 정보들(Other Info)

제9장 다른 정보들(Other Info)

1. 여행 떠나기(Leaving town)

여러분이 다육식물과 잠시 떠나있어야 할 날이 있을 것이다. 만약 10일 이하라면 여러분이 떠나기 전에 여러분의 다육식물에게 간단히 물을 주고 가면 된다. 만약에 여러분이 10일 이상 더 오래 떠나있어야 한다면 여러분의 다육식물을 돌보아 줄 관리자를 찾아야 할 것이다. 저자의 경우 부재기간에는 관리를 친구에게 부탁을 하는데 때때로 주인들을 대신해서 관리할 친구들을 신뢰해야 한다.

- 여러분이 떠나 있는 시간동안 식물을 관리해야 할 기간을 정해야 한다. 토양은 물주는 간격에 따라 건조될 것이므로 보통 7~10 정도의 간격이 좋을 것이다.
- 여러분의 식물을 관리해 줄 사람에게 잎을 피해가며 어떻게 물을 가볍게 주는 지를 가르쳐 주어야 할 것이다. 만약에 낮에 물을 주어야 한다면 잎사귀에 물을 주지 않도록 주의시켜라.
- 여러분이 떠나 있을 때에라도 물을 주지 않아야 할 식물이 있으면 화분에 고무 밴드를 둘리거나 종이 슬립에 물을 주지 말 것이라고 표시해 두라.
- 대신 관리해줄 사람에게 해충이 발생하는지 조사하고 의심이 되는 것이 있으면 특정 장소에 격리하도록 위치를 정해주라. 만약 해충에 대한 처리가 어렵지 않다면 그들에게 빨리 가르쳐주어서 필요한 처리를 하도록 자재를 알려주라.
- 여러분의 관리지기에게 물을 주지 말아야 할 식물의 사진을 보내주고 부탁하라.

2. 기록하기와 공부하기(Logging and Journaling)

여러분의 다육식물 각각을 잘 유지하도록 하는 저자의 충고는 여러분이 구입한 식물의 이름과 날짜 등 간단하다. 혹은 어디서 구입했는지 이름이나 분류 등이 필요하다.

저널링(Journaling)은 여러분이 심은 다육식물의 많은 정원활동, 즉 관리와 번식의 연속적인 과정이다. 이렇게 하는 것은 병해충과 홍수는 물론 생장주기와 과정을 추적하는데 유용하다. 개인적인 정원 연감이나 책력(gardener's almanac)을 쓰는 것과 같다.

저자는 온라인으로 다육식물의 기록을 스프레드시트(spreadsheet)에 기록한다. 이때 다른 페이지에는 저자의 다육식물 로그(log), 비다즙성(non-succulents), 그리고 여러 가지 경험이 기록된 것들을 적는다. 여러분은 이것을 스프레드시트(spreadsheet)에 기록한다. 저자는 블로그 포스트(blog post)에 나누어 적고 여러분의 필요에 맞춘다. 여러분은 또한 노트북을 사용하면 스프레트시트에 넣은 자료들을 빨리 검색할 수 있게 해준다.

1) 사진(Photographs)

저자의 다육식물에 대한 또 하나의 기록은 사진을 찍어서 보존하면서 온라인으로 무료로 서비스하는 것이다. 저자가 사용하는 플리커(Flickr, www.flickr.com)는 그녀의 핸드폰에 이들의 사용 앱(app)을 가지고 있다. 그래서 저자는 언제든지 이들을 보고 다운로드(download) 할 수 있다. 사진은 여러분의 다육식물을 위에서와 옆에서 볼 수 있고 꽃이나 다른 특성(characteristics)을 조사할 수 있다.반면에 어떤 다른 핸드폰 전화는 아주 고화질의 사진을 찍을 수도 있다. 저자는 디지털 카메라를 사용해서 사진을 찍어서 올리고 플리커(Flickr)의 데스크탑(desktop) 컴퓨터 버전을 이용하여 SD카드에 저장한다.

▲ 다육식물을 온라인에 저장하고 식별(ID)하고 그 과정을 되돌리며 살펴볼 수 있는 프로그램 예시

그래서 저자는 여러분이 여러분의 다육식물을 기초로 앨범을 만들고 그 사진을 업로드(upload)하라고 권유한다. 몇 달 간격으로 같은 다육식물을 다시 사진을 찍으므로 다육식물의 변화를 추적할 수도 있고 이를 이용하여 여러분의 자랑스러운 다육식물을 가지고 정보가 풍부한 자료전시회(gallery)를 개최하고 발전시켜 갈 수 있다.

3. 지식창고(Knowledge Bank, 분류기초)

1) 다육식물 해부(Succulent Anatomy)

(1) 해부학적 정보(Anatomical Information)

① 잎의 가장자리(Leaf Margin)

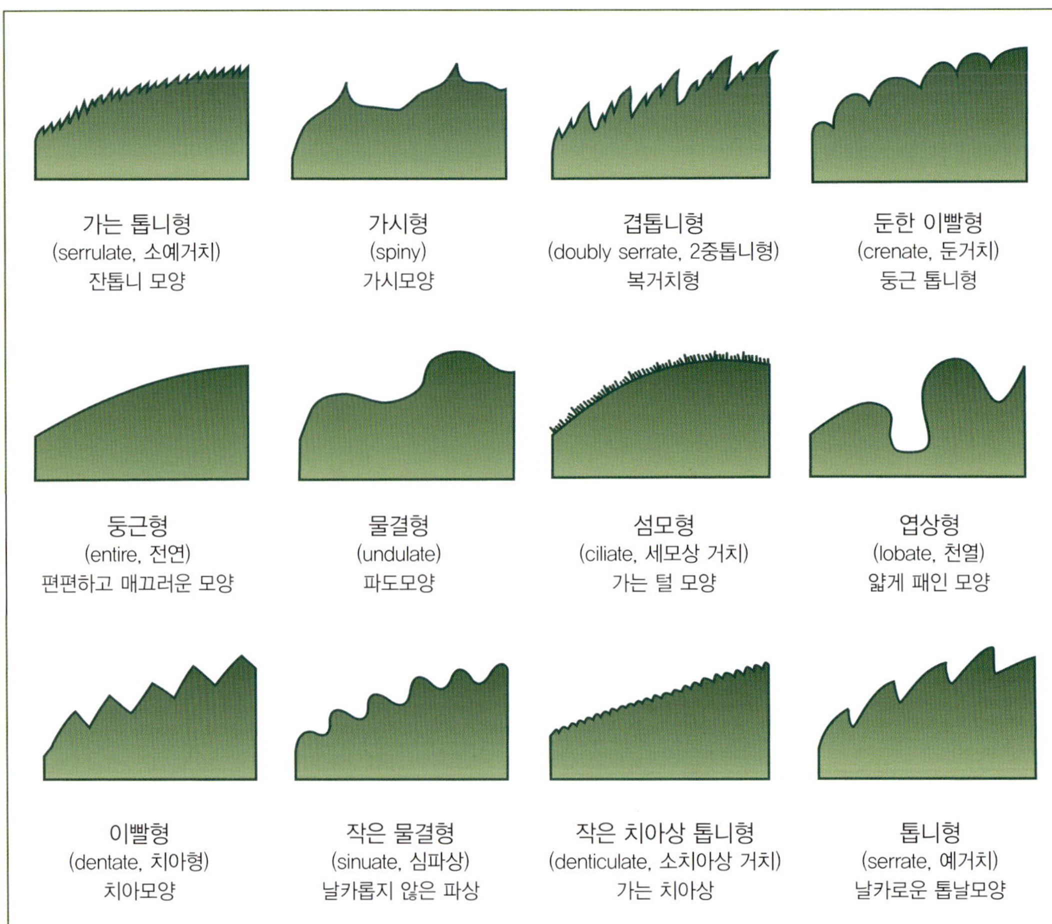

② 잎의 형태(모양)와 배열(Leaf Shape and Arrangement)

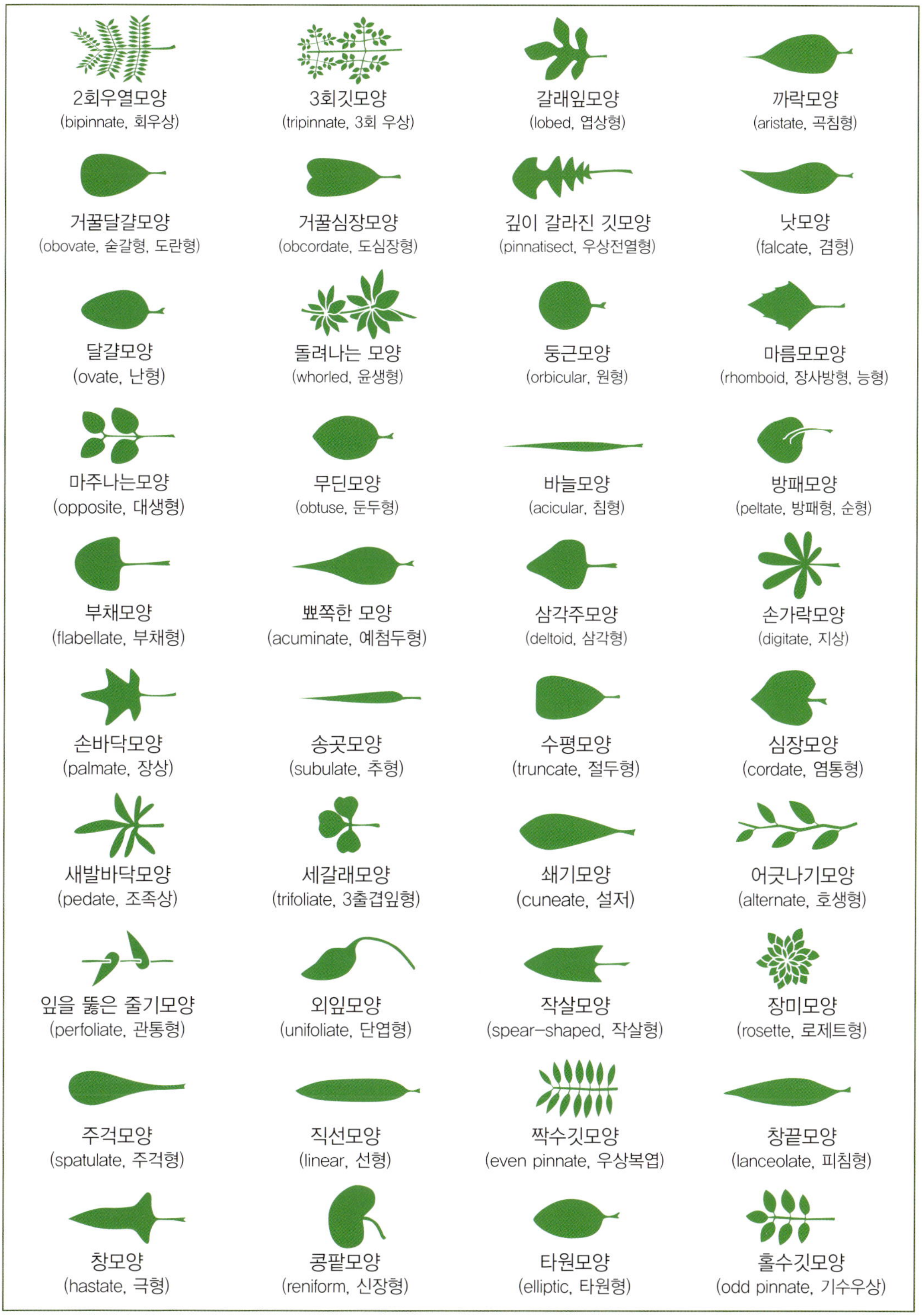

'잎의 형태(morphology)' 그림은 위키미디어 공용(Wikimedia Commons, 자유 콘텐츠인 그림, 소리 등의 멀티미디어 파일에서 얻었다.

2) 잎과 줄기의 표면(Surfaces of Leave and Stem)

- 밀가루를 뿌린듯한 모습, 즉 결절이 있는(tuberculate), 매끈하고 털이 없는(glabrous), 반점이 있는(punctate), 분이 있는(glaucous), 연모(軟毛)로 덮인(pubescent, 부드럽고 짧은 털로 덮인), 유두상의 돌기를 가진(papillate, 젖꼭지 모양의), 청회색 빛을 띠는 정도의 분(farinose) 모양으로 나눌 수 있다.

3) 연모의 타입(Types of Pubescence)

- 강모(hispid) - 단단하고 피부를 찌를 것 같은
- 거미집 모양의(arachnoid) - 거미집과 같은(cobweb-like), 부드럽게 엉킨(soft entangled)
- 긴 강모의(hirsute) - 단단하고, 거친
- 미늘이 있는(bearded, 낚시 바늘 같은) - 길고 뻣뻣한(stiff)
- 뻣뻣한 털의(bristly) - 뻣뻣한(stiff)
- 섬모가 있는(ciliate) - 엽연(margin)을 따라난 털(fringe)
- 솜털로 덮인(tomentose) - 부드럽고 흰털이 밀집한 매트형
- 양털과 같은(wooly) - 길고, 부드럽게 얼기설기 얽힌 털(entangled hairs)
- 양털모양의(floccose) - 부드럽고, 털북숭이 다발(woolly tufts)
- 연한 털이 많은(pilose) - 부드러운 털(Soft hairs)
- 융모가 있는(villous) - 털북숭이의(Shaggy), 길고, 부드러운, 매트형이 아닌 털
- 짧고 뻣뻣한 털이 있는(scabrous) - 짧고, 뻣뻣한 털(stiff hairs)
- 회백색의 솜털로 덮힌(hoary) - 짧고 가는 털로 덮인(Covering of short, fine hairs)

4) 다육식물의 줄기 특성(Stem Characteristics in Succulents)

• 분류특성(stem characteristics) : 곧추선 줄기(erect, 땅위로 뻗은 줄기), 긴 줄기(length), 넓음(width), 누은 줄기(decumbent), 목본성 줄기(woody), 부푼 줄기(caudex), 보이는 줄기(visible), 숨은 줄기(hidden), 잎이 있거나 없는 줄기(leave), 초본성 줄기(herbaceous)

5) 잎의 특성(Leave Characteristics)

• 배열(arrangement) : 호생(alternate), 대생(opposite), 윤생(whorled) 등으로 181페이지 그림 참조

• 분류특성(traits) : 크기(size), 형태(form), 엽선(margin), 위/아래 표면(upper/lower surface), 개수(quantity), 엽맥(venation)

6) 꽃(Flowers)

• 꽃받침(sepals) : 존재유무, 색, 모양, 개수

• 꽃잎(petal, 화판) : 내부와 외부의 색, 모양, 크기, 양 등

• 수술(stamen) : 완전화의 요건으로 수술의 존재유무, 개수(보통 꽃잎수와 일치함), 길이와 위치

• 암술머리(stigma, 주두) : 색, 가시성(visibility), 완전화의 요건, 암술머리의 존재유무

• 암술(pistil) : 완전화의 요건으로 암술의 존재유무

• 약(anthers) : 색, 양과 모양

• 향(fragrance) : 존재유무, 단(sweet) 향, 귤 향, 썩는 냄새(carrion, 역자 주: 스타펠리아(Stapelia)와 같은 다육식물에서 볼 수 있음)

7) 화서(Inflorescence)

- 형태(types) : 총상화서(raceme), 수상화서(spike), 복합총상화서(compound raceme), 산형화서(umbel), 복합산형화서(compound umbel), 취산화서(cyme), 호산화서(cinncinus), 밀추화서(thyrse) 등으로 아래 화서 종류별 모식도를 참조
- 특성(traits) : 생장방향, 길이, 너비, 색, 잎, 포(bract), 가지의 유무, 소화경(pedicel) 등

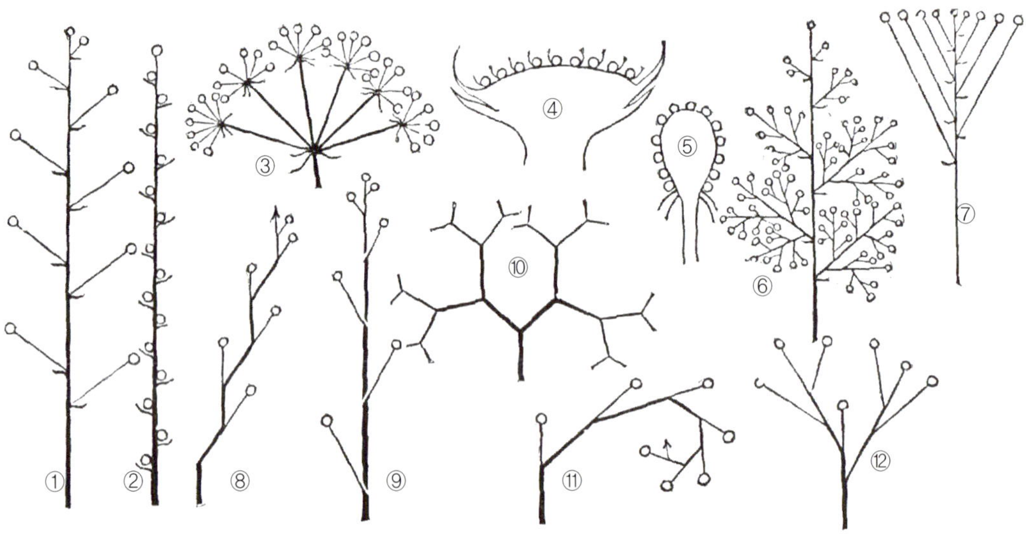

① 총상화서(raceme) ② 수상화서(spike) ③ 복산형화서(compound umbel) ④와 ⑤ 두상화서들(heads) ⑥ 복총상화서(compound raceme) ⑦ 취산화서(cyme) ⑧과 ⑨ 호산화서(cincinnus) ⑩ 정이분화서(true dichotomy) ⑪ 권선화서(Bostryx, helicoid cyme) ⑫ 위이분화서(false dichotomy)

▲ 화서 종류별 모식도(scheme)

8) 선인장(Cacti)에서 관찰

자생지에서 형태와 모양(form, shape)에 따라 다음의 모양에 따라 분류한다. 각도(angled), 결절이 있는(tuberculate), 관목의 (shrubby), 관목-수목같은(shrubby-treelike), 구형의(globose), 구형-원통형(globose-cylindrical), 구형-편편한 형/함몰된 형(globose-flattened/depressed), 구형-피라미드형(globose-pyramidal), 굴지성의(geophytic), 나무 모양의(treelike), 난형(ovoid), 납작한 잎 모양의(flattened-leaflike), 납작한 패드형의(flattened-padded), 버튼모양(button-like), 불규칙하게 뻗은 형(sprawling), 원주형(columnar), 원통형(cylindrical), 짧은 원주형(columnar-short), 쿠션형(cushion), 포복형 (prostrate), 현수 원통형(cylindrical-pendent) 등

9) 다른 특성(Other Traits)

가시(spines), 과실(fruit), 개화기(bloom time), 꽃(flower),자모(glochids), 자좌(areole), 작은 혹의(tubercles), 종자(seed), 뿌리(root)의 특성을 가지고 분류한다.

◀ 손바닥선인장(*Opuntia ficus-indica*)의 엽상경 (cladode), 줄기(stem), 패드(pad), 그리고 분절체(segment)의 그림
① 과실(fruit)
② 꽃(flower)
③ 수술(stamens)
④ 암술대(style)
⑤ 암술머리(stigma)
⑥ – ⑦ 종자(seed)

▲ *에키노세레우스 레이첸바키* 아종 *카에스피토수스*(*Echinocereus reichenbachii* ssp. *caespitosus*)의 꽃과 꽃잎(petal), 수술(stamen), 그리고 암술머리(stigma)가 보이는 사진

▲ *마밀라리아 엘레강스*(*Mammillaria elegans*)의 짧은 가시와 방사형 작은 혹들(tubercles)

제10장 색인(Index)

제10장 색인(Index)

1. 한글색인 용어해설(Korean Glossary)

• 가늘어지는(attenuate): 점차적으로 가늘어지는 것을 말한다.

• 가루(glaucous, 분): 연한 황록색(dull gray-green)에서 푸른 기를 띤 지방(bluish waxy)으로 회백색의 흰 가루가 덮인(자두, 포도 등) 것을 말한다.

• 가루깍지벌레(Mealybugs): 작은 감로(honeydew)를 분비하는 해충으로 다육식물의 잎이나 뿌리를 식해한다.

• 가시(spine): 끝이 날카로운 고도로 변형된 잎을 말한다.

• 가시가 있는(aculeate): 가시로 무장한, 예를 들면 *알로에 아큘리아타(Aloe aculeata)*는 가시가 있는 알로에라는 의미이다.

• 가시가 있는(barbed): 후면부에 뾰쪽하게 가시가 있는(rear-facing points).

• 가장자리(margin): 엽신의 주변부를 말한다.

• 간접광(indirect light): 빛이 목적물에 차단되어 다른 쪽으로 우회해서 들어오는 광을 말한다.

• 감로(honeydew): 가루깍지벌레(Mealybugs), 개각충(Scale), 진딧물(Aphids)과 같은 곤충이 분비하는 달달한 분비물을 말한다.

• 강모(bristle): 직선으로 곧게 뻗은 뻣뻣한 털(stiff hair)을 말한다.

• 개각충(scale bug, 介殼蟲): 식물체에 붙어서 자라는 해충으로 깍지벌레라고도 한다.

• 거치의(laciante): 불규칙하고 깊이 분할된 톱니모양 잎(lobes)의 가장자리를 말한다.

• 경화처리(harden off, hard grown): 유묘를 더 혹독한 조건에서 순화시키거나 더 제어된(controlled setting) 상황에 두는 것을 말한다.

• 과(family): 분류학(taxonomic ranking)적 순서로 목(order)과 속(genus) 사이의 분류체계이다.

• 교배(cross): 다른 두 속(genera)이나 종을 하이브리드(Hybrid, 교잡)시킨 것으로 이종교배(interbreeding)를 지칭한다.

• 구형의(globose): 둥근 공모양(spherical) 선인장을 묘사할 때 종종 사용한다.

• 국화과(Compositae, Asteraceae): 세네시오(Senecio)와 오돈나(Othonna)를 포함하는 속씨식물(angiosperms)을 말한다.

• 기회적 생장(opportunistic grower): 조건이 맞으면 식물체가 계속 생장하는 것으로 휴면(dormancy)과 대비되는 용어이다.

• 꽃(bloom): 가루(farinose), 분(pruinose), 혹은 연한 청록(glaucous)의 가루로 흰색의 코팅된 또는 꽃.

• 꽃(flower): 속씨식물에서 종자가 맺히는 부위에 꽃이 달린다.

• 꽃받침(calyx, 악): 꽃의 받침에 해당하는 집합적인 용어; 바깥이 나선으로 된 윤생체(whorl)로 보통은 녹색이다.

• 꿀샘(nectary glands): 꿀을 분비하는 샘(gland)으로 많은 페로캑터스(Ferocactus, 가시선인장)에서 볼 수 있다.

• 끝이 뾰쪽한(acuminate): 끝으로 가면서 점점 가늘어지는(tapering).

• 나근(bare-rooted, 裸根): 흙이 부착되지 않고 노출되어 있는 뿌리.

• 낙엽성의(decidious): 계절에 따라 잎이나 껍질, 꽃잎이 떨어지는 것을 말한다.

• 넥타(nectar): 달달한 액체로 꽃이나 밀선에서 분비되는 감로.

• 다결실(polycarpic, 多結實): 속씨식물의 꽃이 여러 번의 열매를 생산하거나 여러 개의 종자를 생산하는 것을 말한다. 단결실(monocarpic)이 상대어이다.

• 단결실의(monocarpic): 한 번 열매를 맺고 죽는 속씨식물(angiosperm)을 말하고 상대어는 다결실(polycarpic)이다.

• 대생의(jugate): 잎이 서로 짝을 이루어서 되어 있는

• 대생의(opposite): 줄기를 가운데 두고 마주 보고 있는 둘 중 다른 편, 맞은편을 말한다.

• 대칭의(bilateral): 한 줄기에 잎이 서로 대생하는.

• 도심장형(obcordate, 倒心臟形): 아래 위가 거꾸로 된 거끌 심장형 모양으로 예로 괭이밥의 소엽에서 볼 수 있다.

• 돌연변이(mutation): 세포의 DNA의 변화로 야기되는 영구적인 형질의 변이로 철화(cresting)와 같은 생장점 돌연변이도 있다.

• 두터운 줄기(pachycaul): 식물의 휴지부위(rest)에 비정상적으로 두껍게 발달한 줄기를 말하는데 이는 파키포디움(Pachypodium) 다육식물에서 유래한 말로 코끼리의 다리를 지칭하는 것이었다.

• 두터운 줄기의(pachycladous): 줄기가 기형적으로 두터운.

• 둔거치(crenate, 鈍鉅齒): 둥근 이빨(rounded teeth)이거나 조개껍질(scalloped) 모양의 둥근 물결모양을 말한다.

• 로제트(rosette): 잎사귀가 나선형으로 겹겹이 쌓여 있는 모습이 장미와 비슷하다고 해서 붙여진 이름이다.

• 매끄러운(glabrous, 평활): 잎몸이나 꽃받침 표면에 털이 없고 밋밋한 것을 말한다.

• 모용(trichome, 毛茸): 식물체의 표면에 자라는 털을 말한다.

• 무늬종의(variegated): 색깔이 섞어있는 것으로 일반적으로 흰색과 녹색이 섞어있는 경우가 많다.

• 발아(germination): (휴면)종자에서 식물체로 발달하는 하나의 과정이다.

• 방사상(radial, 放射狀): 선인장의 가시에서 중심점에서 나선형으로 퍼져가는 구조.

• 배수(drainage): 식물체 주변의 과도한 수분을 이동시키거나 배출시키는 것을 말한다.

• 백색 분(pruinose, 백색 가루): 백색의 왁스로 된 흰가루(waxy white powder)로 가루(farina)와 유사한 뜻이다.

• 번식(propagation): 인위적이거나 자연적으로 식물체의 자구나 개체를 여러 개 생산하는 작용이다.

• 번행초과(Aizoaceae, 석류풀과): 속씨식물에 속하는 과명으로 리돕스(Lithops), 티타놉시스(Titanopsis), 그리고 델로스퍼마(Delosperma)가 이에 속한다.

• 변종(var.): 변종인 버라이어티(variety)나 바리에타스(varietas)의 약자이다.

• 복와상(imbricate): 꽃잎, 포(bracts)나 꽃받침 조각이 마치 기왓장처럼 포개져(overlapping) 있는 상태를 말한다.

• 부패(rot): 물을 너무 많이 주어 야기된 세균(bacteria)이나 곰팡이(fungi)성 부패를 말한다.

• 부푼 줄기(caudex): 복수형은 'caudices'로 야자, 종려나무처럼 가지가 없고 꼭대기에 잎이 많이 달린 잎자루 흔적이 있는 줄기나 기부, 줄기.

• 부푼 줄기형(caudiciform): 전체 식물체에 비례 해서 부풀고 두터워진 기부(base)로 예를 들면 *보카르니아 레쿠르바타* '조랑말 꼬리 야자' (*Beaucarnea recurvata* 'Pony Tail Palm')처럼 기저(뿌리) 부분의 줄기가 부풀어 오른 것을 말한다.

• 비료(fertilizer): 식물의 영양으로 인공적으로 합성하거나 자연적으로 만들어진다.

• 삽목(cutting): 번식을 위해 식물체 로부터 떼어낸

조직이나 번식방법이다.

- 선인장(cactus): 복수형은 'cacti'로 잎 대신에 가시나 비늘(scales)을 가진 전형적인 다육식물.
- 선인장과(Cactaceae): 선인장을 포함한 속씨식물 (angiosperms).
- 선인장의 작은 가시(glochid): 갈고리 모양의 자모(刺毋)로 작고 자극적인 털로 많은 선인장의 자좌(areoles, 刺座)에서 볼 수 있다.
- 섬모(cilia, 纖毛)/섬모가 있는(ciliate): 작은 털을 가진 것으로 많은 셈퍼비붐(Sempervivum)과 에오니움(Aeonium)은 잎 가장자리에 섬모가 있다.
- 소둔거치(crenulate, 小鈍鉅齒): 엽연이 작고 둔한 (무딘) 톱니모양의 형태이다.
- 소화(floret): 작은 꽃을 말한다.
- 소화경(pedicel): 작은 꽃대, 즉 각각의 꽃을 받치고 있는 자루를 말한다.
- 속씨식물(angiosperm): 현화식물로 자방 안에 종자가 발달하는 식물이다.
- 수술(stamen): 꽃의 웅성 기관으로 보통 꽃가루 (pollen)를 그 주머니(anther, 약)에 포함하고 있고 꽃잎처럼 많은 수술들이 있다.
- 스케일(scale): 포(bract)나 꽃받침(sepal)의 모양을 말한다. 개각충도 스케일이라고 한다.
- 습성(habit): 식물체의 특징적인 외관(characteristic appearance)을 말한다.
- 식물상(flora, 植物相): 특별한 지역에서 자라는 식물의 형상으로 동물상(fauna, 動物相)과 대조되는 용어이다.
- 심장형(cordate): 하트형(heart-shaped)으로 잎의 기부가 오목한(concave) 부분이 있고 줄기에 부착되어 있다.
- 쐐기모양(cuneate): 보족모양(wedge-shaped)으로 점점 좁아져 뾰족하게 된 잎의 밑 부분을 말한다.
- 아스포델라과(Asphodelaceae): 알로에(Aloe)와 하워디아(Haworthia)를 포함하는 속씨식물 (angiosperms)을 말한다.
- 아종(subsp.): 종의 하위단위를 아종(subspecies)라고 하는데 이것의 약자이다.
- 악편(sepal): 꽃받침을 이루는 각 조각이 서로 갈라져 있는 경우 그 떨어져 있는 각각을 뜻함. 보통 녹색이지만 색소를 지녀 꽃잎처럼 보이는 것도 있다.
- 암술(pistil): 꽃의 암컷의 생식기관으로 암술머리 (stigma), 암술대(style), 자방(ovary, 씨방)을 포함한다.
- 암술대(style): 암술머리(stigma)와 자방(ovary) 사이에 존재하는 줄기를 말한다.
- 암술머리(stigma): 꽃의 암술부분(pistil)으로 끝부분에서 꽃가루(화분)를 받아 수분을 한다.
- 액생의(axillary): 엽액으로부터 나오는.
- 약(anther): 화분(Pollen)을 함유하고 있는 수술의 부분으로 꽃가루 주머니이다.
- 얼룩진(maculate): 점무늬가 있는 얼룩무늬의 (spotted).
- 열상의(lacerate): 지그재그처럼 서로 찢어진 (Jagged).
- 엽(lobe): 잎이나 꽃잎의 둥글게 갈라진 열편(裂片)을 말한다.
- 엽병(petiole): 잎이 줄기와 연결된 잎자루를 말한다.
- 엽액(axil): 잎과 줄기의 위쪽부분의 각도를 말하는 것으로 잎겨드랑이라고도 한다.
- 엽편(lamina): 포(bracts), 꽃받침(sepals), 꽃잎 (petals)의 위쪽을 향하는 부분으로 잎몸이라고도 한다.
- 엽흔(leaf scar): 낙엽이 진후에 줄기에 남아있는 거칠고 못이 박혀 굳어진(callused) 것을 말한다.
- 영양체(clone): 영양번식을 통해 나온 모체와 동일한 식물로 예를들면 잎에서 나온 새로운 식물체를 영양체, 즉 클론(clones)이라고 한다.

- 온전한(entire): 잎 가장자리가 간단하여 흠결이 없는 것으로 돌출(lobes), 패인 것(notches)이나 능선, 용마루(ridges) 모양이 없는 것을 말한다.
- 용골판(keel): 배의 중심부와 같이 잎 몸의 중앙부를 따라 돌출된 부분을 말한다.
- 원산지의(native): 지역에 제한되지 않은 유래한 곳.
- 원주상(columnar): 몇몇 선인장에서 볼 수 있는 기둥 모양의 형태이다.
- 유액(latex, 라텍스): 우윳빛의 독성이 있는 액체로 유포르비아(Euphorbia) 식물과 같은 식물체가 상처를 받았을 때 분비된다.
- 유포르비아과(Euphorbiaceae, 대극과): 쌍떡잎 식물로 젖 같은 진이 있고 턱잎이 있다. 유포르비아(Euphorbia)와 다른 다육질이 아닌 개화식물이 있다.
- 이명법의(binomial): 속명(genus)와 종명(species) 2가지로 나타내는 학명체계이다.
- 잎(leaf): 광합성을 위해 줄기로부터 자라는 얇고 넓은 부분을 말한다.
- 자구(offset): 새로운 어린 식물체로 주요 모체 줄기나 가지에서 형성된다.
- 자생의(indigenous): 어떤 지역에서 유래하거나 원산지의.
- 자생지(habitat): 식물체가 원래부터 살던 곳이나 원산지(originates)를 말한다.
- 자엽(cotyledon, 떡잎): 배에서 나온 1차적인 잎으로 종자 잎(seed-leaf)이라고도 한다.
- 자좌(areole, 刺座): 선인장에서 갈고리 모양의 자모(glochids, 刺毋)나 가시, 꽃이 자라 나오는 부위를 말한다.
- 작은치아상톱니(denticulate): 작은 이빨 것을 모양의 돌기(突起)가 있는 것을 말한다.
- 재배종(CV): 재배하는 품종(cultivated variety 또는 cultivar)의 약자이다.
- 적엽(defoliation): 잎이 과도하게 무성하여 일광의 투사나 통기가 나빠질 때 일부의 잎을 제거하는 것을 말한다.
- 절(node): 마디(Joint)로 줄기로부터 자라는 새줄기나 잎이 나오는 부분이다.
- 절간(internode): 두 개의 절(node) 사이에 있는 줄기를 말한다.
- 접목(graft): 인위적으로 뿌리가 없는 식물을 융착시켜 생육을 증진시킨 것으로 접목으로 만들어진 *유포르비아 락테아 크리스타타*(*Euphorbia lactea cristata*) 같은 것들이 있다.
- 접합부(joint): 식물체 줄기의 어떤 부분에서 새 가지나 잎이 나오는 부분을 말한다.
- 종(sp.): 종(species)의 약자로 학명에서 이명법과는 다르고 단일 종을 의미할 때가 많다.
- 종들(spp.): 종이 2개나 그 이상일 때 나타내는 약자의 표시이다.
- 주맥(midrib): 잎의 중앙부에 있는 관다발을 말한다.
- 중앙 가시(central spines): 가시자리(areole)의 중심부로부터 방사상으로 된 선인장의 가시로 하나이거나 여러 개가 있고 없는 것도 있다.
- 즙이 많은(juicy): 식물이 다육질이고 즙이 풍부한 것을 말한다.
- 직근(tap root): 식물의 주요한 큰 뿌리를 말한다. 상대어는 수염뿌리, 즉 발근(fibrous root)이다.
- 짧은 강모(barbellate): 가시가 있는 털을 가진.
- 착생식물(epiphyte): 물과 영양을 비나 공기로부터 얻는(aerophyte) 식물로 기생식물(parasite) 과는 다르다.
- 창문모양(fenestrate): 반투명(translucence)하고 창문 모양의 작은 구멍이 있는 식물의 잎으로 *하워디아 테슬라타*(*Haworthia tessalata*)에서 볼 수 있다.
- 초본성의(herbaceous): 나무가 아니면서 녹색이고 부드러우며 쉽게 부러지는 것을 말한다.
- 축(axis): 식물 줄기나 화서(inflorescence)의 줄기를

말한다.

- 춘화처리(vernalization): 자연적으로 일어나거나 유기한 저온에서 개화를 유도하는 것을 말한다.
- 치아상(dentate, 齒牙狀): 잎의 가장 자리에 있는 톱니 모양의 돌기를 지칭한다.
- 침상거치(aristate, 針狀鋸齒): 가장자리의 톱니 끝에 짧은 바늘 같은 것이 달려 있는 것으로 예를 들면 *알로에 아리스타타(Aloe aristata)*라고 하면 잎에 까락이나 까그라기가 있는 알로에를 말한다.
- 캘러스(callus, 유상조직): 주위나 그 부분이 상처가 생겨 딱딱하게 된 보호조직.
- 캠대사(Crassulacean Acid Metabolism, CAM): 광합성에서 건조기후에 적응된 대사과정을 나타내는 형태이다.
- 큐티클(cuticle): 외부의 건조나 병으로부터 보호하는 지방으로 된 보호조직(Waxy protective)을 말한다.
- 크라슐라과(Crassulaceae, 돌나물과): 속씨식물(angiosperms)로 쌍자엽식물이며 전형적인 방사상칭형(actinomorphic, 放射狀稱形)으로 관목 또는 초본으로 20속 1,300종이 있고 우리나라에도 6속 27종이 자생한다. 크라슐라(Crassula), 칼랑코에(Kalanchoes), 에케베리아(Echeveria) 등이 있다.
- 타원형의(elliptic): 둥근 계란 모양의(oval shaped) 형테를 말한다.
- 패드(pad): 줄기가 변형되어 잎의 모양을 한 것으로 손바닥선인장(Opuntia) 종에서 볼 수 있다.
- 포엽(bract): 꽃의 기부에 변형된 잎
- 피침형(lanceolate, 披針形): 모양이 좁고 달걀꼴(ovate)의 잎이 낮은 부분은 좀 넓어진 창꼴 모양의.
- 하이브리드(hybrid): 교배육종(crossbreeding)에서 서로 다른 두 개의 식물을 교잡하는 것을 말한다.
- 형태학(morphology): 잎사귀의 형태처럼 기관의 물리적인 모양(physical shape)이나 폼(form)을 말한다.
- 혹(tubercle): 식물체의 표면에 부풀어 오른 돌기(protuberance)로 많은 마밀라리아(Mammillaria) 선인장에서는 가시나 꽃이 이곳에서 유래한다.
- 화경(peduncle): 소화경을 가지고 있는 가지나 꽃대를 말한다.
- 화관(corolla, 꽃부리): 꽃잎이 모여있는 것을 말한다.
- 화사(filament): 매우 가는 실같은 줄기로 꽃에서 수술대를 말한다.
- 화서(inflorescence): 줄기나 가지에 달려있는 꽃의 배열로 꽃은 물론 화경을 포함한다.
- 황백화현상(etiolation, 黃白化現象): 병이나 낮은 광도로 인해 식물체가 탈색되고 연약하게 자라는 것을 말한다.
- 휴면(dormancy): 자연적이거나 인위적으로 유발된 휴지기, 계절적으로 활동하지 않는(inactivity) 기간이다.
- 흰가루(farina, farinose, farinaceous, 분): 꽃이나 조직에서 미립상의 흰가루로 덮힌 것을 말한다.

2. 영문색인 용어해설(English Glossary)

- aculeate(가시가 있는): 가시로 무장한, 예를 들면 *알로에 아큘리아타*(*Aloe aculeata*)는 가시가 있는 알로에라는 의미이다.
- acuminate(끝이 뾰쪽한): 끝으로 가면서 점점 가늘어지는(tapering).
- Aizoaceae(번행초과, 석류풀과): 속씨식물에 속하는 과명으로 리돕스(Lithops), 티타놉시스(Titanopsis), 그리고 델로스퍼마(Delosperma)가 이에 속한다.
- angiosperm(속씨식물): 현화식물로 자방 안에 종자가 발달하는 식물이다.
- anther(약): 화분(Pollen)을 함유하고 있는 수술의 부분으로 꽃가루 주머니이다.
- areole(자좌, 刺座): 선인장에서 갈고리 모양의 자모(glochids, 刺毋)나 가시, 꽃이 자라 나오는 부위를 말한다.
- aristate(침상거치, 針狀鋸齒): 가장자리의 톱니 끝에 짧은 바늘 같은 것이 달려 있는 것으로 예를 들면 *알로에 아리스타타*(*Aloe aristata*)라고 하면 잎에 까락이나 까그라기가 있는 알로에를 말한다.
- Asphodelaceae(아스포델라과): 알로에(Aloe)와 하워디아(Haworthia)를 포함하는 속씨식물(angiosperms)을 말한다.
- Asteraceae(국화과, Compositae): 세네시오(Senecio)와 오돈나(Othonna)를 포함하는 속씨식물(angiosperms)을 말한다.
- attenuate(가늘어지는): 점차적으로 가늘어지는 것을 말한다.
- axil(엽액): 잎과 줄기의 위쪽부분의 각도를 말하는 것으로 잎겨드랑이라고도 한다.
- axillary(액생의): 엽액으로부터 나오는.
- axis(축): 식물 줄기나 화서(inflorescence)의 줄기를 말한다.
- bare-rooted(나근, 裸根): 흙이 부착되지 않고 노출되어 있는 뿌리.
- barbed(가시가 있는): 후면부에 뾰쪽하게 가시가 있는(rear-facing points).
- barbellate(짧은 강모): 가시가 있는 털을 가진.
- bilateral(대칭의): 한 줄기에 잎이 서로 대생하는.
- binomial(이명법의): 속명(genus)와 종명(species) 2가지로 나타내는 학명체계이다.
- bloom(꽃): 가루(farinose), 분(pruinose), 혹은 연한 청록(glaucous)의 가루로 흰색의 코팅된 또는 꽃.
- bract(포엽): 꽃의 기부에 변형된 잎
- bristle(강모): 직선으로 곧게 뻗은 뻣뻣한 털(stiff hair)을 말한다.
- Cactaceae(선인장과): 선인장을 포함한 속씨식물(angiosperms).
- cactus(선인장): 복수형은 'cacti'로 잎 대신에 가시나 비늘(scales)을 가진 전형적인 다육식물.
- callus(캘러스, 유상조직): 주위나 그 부분이 상처가 생겨 딱딱하게 된 보호조직.
- calyx(꽃받침, 악): 꽃의 받침에 해당하는 집합적인 용어, 바깥이 나선으로 된 윤생체(whorl)로 보통은 녹색이다.
- caudex(부푼 줄기): 복수형은 'caudices'로 야자, 종려나무처럼 가지가 없고 꼭대기에 잎이 많이 달린 잎자루 흔적이 있는 줄기나 기부, 줄기.
- caudiciform(부푼 줄기형): 전체 식물체에 비례해서 부풀고 두터워진 기부(base)로 예를 들면 *보카르니아*

레쿠르바타 '조랑말 꼬리 야자'(*Beaucarnea recurvata* 'Pony Tail Palm')처럼 기저(뿌리) 부분의 줄기가 부풀어 오른 것을 말한다.

- central spines(중앙 가시): 가시자리(areole)의 중심부로부터 방사상으로 된 선인장의 가시로 하나이거나 여러 개가 있고 없는 것도 있다.
- cilia(섬모, 纖毛)/ciliate(섬모가 있는)): 작은 털을 가진 것으로 많은 셈퍼비붐(Sempervivum)과 에오니움(Aeonium)은 잎 가장자리에 섬모가 있다.
- clone(영양체): 영양번식을 통해 나온 모체와 동일한 식물로 예를들면 잎에서 나온 새로운 식물체를 영양체, 즉 클론(clones)이라고 한다.
- columnar(원주상): 몇몇 선인장에서 볼 수 있는 기둥 모양의 형태이다.
- cotyledon(자엽, 떡잎): 배에서 나온 1차적인 잎으로 종자 잎(seed-leaf)이라고도 한다.
- cordate(심장형): 하트형(heart-shaped)으로 잎의 기부가 오목한(concave) 부분이 있고 줄기에 부착되어 있다.
- corolla(화관, 꽃부리): 꽃잎이 모여있는 것을 말한다.
- Crassulaceae(크라슐라과, 돌나물과): 속씨식물(angiosperms)로 쌍자엽식물이며 전형적인 방사상칭형(actinomorphic, 放射狀稱形)으로 관목 또는 초본으로 20속 1,300종이 있고 우리나라에도 6속 27종이 자생한다. 크라슐라(Crassula), 칼랑코에(Kalanchoes), 에케베리아(Echeveria) 등이 있다.
- Crassulacean Acid Metabolism(CAM, 캠대사): 광합성에서 건조기후에 적응된 대사과정을 나타내는 형태이다.
- crenate(둔거치, 鈍鋸齒): 둥근 이빨(rounded teeth)이거나 조개껍질(scalloped) 모양의 둥근 물결모양을 말한다.
- crenulate(소둔거치, 小鈍鋸齒): 엽연이 작고 둔한(무딘) 톱니모양의 형태이다.
- cross(교배): 다른 두 속(genera)이나 종을 하이브리드(Hybrid, 교잡)시킨 것으로 이종교배(interbreeding)를 지칭한다.
- cuneate(쐐기모양): 보족모양(wedge-shaped)으로 점점 좁아져 뾰족하게 된 잎의 밑 부분을 말한다.
- cuticle(큐티클): 외부의 건조나 병으로부터 보호하는 지방으로 된 보호조직(Waxy protective)을 말한다.
- cutting(삽목): 번식을 위해 식물체로부터 떼어낸 조직이나 번식방법이다.
- CV(재배종): 재배하는 품종(cultivated variety 또는 cultivar)의 약자이다.
- decidious(낙엽성의): 계절에 따라 잎이나 껍질, 꽃잎이 떨어지는 것을 말한다.
- defoliation(적엽): 잎이 과도하게 무성하여 일광의 투사나 통기가 나빠질 때 일부의 잎을 제거하는 것을 말한다.
- dentate(치아상, 齒牙狀): 잎의 가장 자리에 있는 톱니 모양의 돌기를 지칭한다.
- denticulate(작은치아상톱니): 작은 이빨 것을 모양의 돌기(突起)가 있는 것을 말한다.
- dormancy(휴면): 자연적이거나 인위적으로 유발된 휴지기, 계절적으로 활동하지 않는(inactivity) 기간이다.
- drainage(배수): 식물체 주변의 과도한 수분을 이동시키거나 배출시키는 것을 말한다.
- elliptic(타원형의): 둥근 계란 모양의(oval shaped) 형테를 말한다.
- entire(온전한): 잎 가장자리가 간단하여 흠결이 없는 것으로 돌출(lobes), 패인 것(notches)이나 능선, 용마루(ridges) 모양이 없는 것을 말한다.
- epiphyte(착생식물): 물과 영양을 비나 공기로부터 얻는(aerophyte) 식물로 기생식물(parasite)과는

다르다.

- etiolation(황백화현상, 黃白化現象): 병이나 낮은 광도로 인해 식물체가 탈색되고 연약하게 자라는 것을 말한다.

- Euphorbiaceae(유포르비아과, 대극과): 쌍떡잎 식물로 젖같은 진이 있고 턱잎이 있다. 유포르비아(Euphorbia)와 다른 다육질이 아닌 개화식물이 있다.

- family(과): 분류학(taxonomic ranking)적 순서로 목(order)과 속(genus) 사이의 분류체계이다.

- farina, farinose, farinaceous(흰가루, 분): 꽃이나 조직에서 미립상의 흰가루로 덮힌 것을 말한다.

- fenestrate(창문모양): 반투명(translucence)하고 창문 모양의 작은 구멍이 있는 식물의 잎으로 *하워디아 테슬라타(Haworthia tessalata)*에서 볼 수 있다.

- fertilizer(비료): 식물의 영양으로 인공적으로 합성하거나 자연적으로 만들어진다.

- filament(화사): 매우 가는 실같은 줄기로 꽃에서 수술대를 말한다.

- flora(식물상, 植物相): 특별한 지역에서 자라는 식물의 형상으로 동물상(fauna, 動物相)과 대조되는 용어이다.

- floret(소화): 작은 꽃을 말한다.

- flower(꽃): 속씨식물에서 종자가 맺히는 부위에 꽃이 달린다.

- germination(발아): (휴면)종자에서 식물체로 발달하는 하나의 과정이다.

- glabrous(매끄러운, 평활): 잎몸이나 꽃받침 표면에 털이 없고 밋밋한 것을 말한다.

- glaucous(가루, 분): 연한 황록색(dull gray-green)에서 푸른 기를 띤 지방(bluish waxy)으로 회백색의 흰 가루가 덮인(자두, 포도 등) 것을 말한다.

- globose(구형의): 둥근 공모양(spherical) 선인장을 묘사할 때 종종 사용한다.

- glochid(선인장의 작은 가시): 갈고리 모양의 자모(刺毋)로 작고 자극적인 털로 많은 선인장의 자좌(areoles, 刺座)에서 볼 수 있다.

- graft(접목): 인위적으로 뿌리가 없는 식물을 융착시켜 생육을 증진시킨 것으로 접목으로 만들어진 *유포르비아 락테아 크리스타타(Euphorbia lactea cristata)* 같은 것들이 있다.

- habit(습성): 식물체의 특징적인 외관(characteristic appearance)을 말한다.

- habitat(자생지): 식물체가 원래부터 살던 곳이나 원산지(originates)를 말한다.

- harden off, hard grown(경화처리): 유묘를 더 혹독한 조건에서 순화시키거나 더 제어된(controlled setting) 상황에 두는 것을 말한다.

- herbaceous(초본성의): 나무가 아니면서 녹색이고 부드러우며 쉽게 부러지는 것을 말한다.

- honeydew(감로): 가루깍지벌레(Mealybugs), 개각충(Scale), 진딧물(Aphids)과 같은 곤충이 분비하는 달달한 분비물을 말한다.

- hybrid(하이브리드): 교배육종(crossbreeding)에서 서로 다른 두 개의 식물을 교잡하는 것을 말한다.

- imbricate(복와상): 꽃잎, 포(bracts)나 꽃받침 조각이 마치 기왓장처럼 포개져(overlapping) 있는 상태를 말한다.

- indirect light(간접광): 빛이 목적물에 차단되어 다른 쪽으로 우회해서 들어오는 광을 말한다.

- inflorescence(화서): 줄기나 가지에 달려있는 꽃의 배열로 꽃은 물론 화경을 포함한다.

- indigenous(자생의): 어떤 지역에서 유래하거나 원산지의.

- internode(절간): 두 개의 절(node) 사이에 있는 줄기를 말한다.

- joint(접합부): 식물체 줄기의 어떤 부분에서 새 가지나 잎이 나오는 부분을 말한다.
- jugate(대생의): 잎이 서로 짝을 이루어서 되어 있는
- juicy(즙이 많은): 식물이 다육질이고 즙이 풍부한 것을 말한다.
- keel(용골판): 배의 중심부와 같이 잎 몸의 중앙부를 따라 돌출된 부분을 말한다.
- lacerate(열상의): 지그재그처럼 서로 찢어진(Jagged).
- laciante(거치의): 불규칙하고 깊이 분할된 톱니모양 잎(lobes)의 가장자리를 말한다.
- lamina(엽편): 포(bracts), 꽃받침(sepals), 꽃잎(petals)의 위쪽을 향하는 부분으로 잎몸이라고도 한다.
- lanceolate(피침형, 披針形): 모양이 좁고 달걀꼴(ovate)의 잎이 낮은 부분은 좀 넓어진 창꼴 모양의.
- latex(유액, 라텍스): 우윳빛의 독성이 있는 액체로 유포르비아(Euphorbia) 식물과 같은 식물체가 상처를 받았을 때 분비된다.
- leaf(잎): 광합성을 위해 줄기로부터 자라는 얇고 넓은 부분을 말한다.
- leaf scar(엽흔): 낙엽이 진후에 줄기에 남아있는 거칠고 못이 박혀 굳어진(callused) 것을 말한다.
- lobe(엽): 잎이나 꽃잎의 둥글게 갈라진 열편(裂片)을 말한다.
- maculate(얼룩진): 점무늬가 있는 얼룩무늬의(spotted).
- margin(가장자리): 엽신의 주변부를 말한다.
- Mealybugs(가루깍지벌레): 작은 감로(honeydew)를 분비하는 해충으로 다육식물의 잎이나 뿌리를 식해한다.
- midrib(주맥): 잎의 중앙부에 있는 관다발을 말한다.
- monocarpic(단결실의): 한 번 열매를 맺고 죽는 속씨식물(angiosperm)을 말하고 상대어는 다결실(polycarpic)이다.
- morphology(형태학): 잎사귀의 형태처럼 기관의 물리적인 모양(physical shape)이나 폼(form)을 말한다.
- mutation(돌연변이): 세포의 DNA의 변화로 야기되는 영구적인 형질의 변이로 철화(cresting)와 같은 생장점 돌연변이도 있다.
- native(원산지의): 지역에 제한되지 않은 유래한 곳.
- nectar(넥타): 달달한 액체로 꽃이나 밀선에서 분비되는 감로.
- nectary glands(꿀샘): 꿀을 분비하는 샘(gland)으로 많은 페로캑터스(Ferocactus, 가시선인장)에서 볼 수 있다.
- node(절): 마디(Joint)로 줄기로부터 자라는 새줄기나 잎이 나오는 부분이다.
- obcordate(도심장형, 倒心臟形): 아래 위가 거꾸로 된 거끌 심장형 모양으로 예로 괭이밥의 소엽에서 볼 수 있다.
- offset(자구): 새로운 어린 식물체로 주요 모체 줄기나 가지에서 형성된다.
- opportunistic grower(기회적 생장): 조건이 맞으면 식물체가 계속 생장하는 것으로 휴면(dormancy)과 대비되는 용어이다.
- opposite(대생의): 줄기를 가운데 두고 마주 보고 있는 둘 중 다른 편, 맞은편을 말한다.
- pachycaul(두터운 줄기): 식물의 휴지부위(rest)에 비정상적으로 두껍게 발달한 줄기를 말하는데 이는 파키포디움(Pachypodium) 다육식물에서 유래한 말로 코끼리의 다리를 지칭하는 것이었다.
- pachycladous(두터운 줄기의): 줄기가 기형적으로 두터운.

- pad(패드): 줄기가 변형되어 잎의 모양을 한 것으로 손바닥선인장(Opuntia) 종에서 볼 수 있다.
- pedicel(소화경): 작은 꽃대, 즉 각각의 꽃을 받치고 있는 자루를 말한다.
- peduncle(화경): 소화경을 가지고 있는 가지나 꽃대를 말한다.
- petiole(엽병): 잎이 줄기와 연결된 잎자루를 말한다.
- pistil(암술): 꽃의 암컷의 생식기관으로 암술머리(stigma), 암술대(style), 자방(ovary, 씨방)을 포함한다.
- polycarpic(다결실, 多結實): 속씨식물의 꽃이 여러 번의 열매를 생산하거나 여러 개의 종자를 생산하는 것을 말한다. 단결실(monocarpic)이 상대어이다.
- propagation(번식): 인위적이거나 자연적으로 식물체의 자구나 개체를 여러 개 생산하는 작용이다.
- pruinose(백색 분, 백색 가루): 백색의 왁스로 된 흰가루(waxy white powder)로 가루(farina)와 유사한 뜻이다.
- radial(방사상, 放射狀): 선인장의 가시에서 중심점에서 나선형으로 퍼져가는 구조.
- rosette(로제트): 잎사귀가 나선형으로 겹겹이 쌓여 있는 모습이 장미와 비슷하다고 해서 붙여진 이름이다.
- rot(부패): 물을 너무 많이 주어 야기된 세균(bacteria)이나 곰팡이(fungi)성 부패를 말한다.
- scale(스케일): 포(bract)나 꽃받침(sepal)의 모양을 말한다. 개각충도 스케일이라고 한다.
- scale bug(개각충, 介殼蟲): 식물체에 붙어서 자라는 해충으로 깍지벌레라고도 한다.
- sepal(악편): 꽃받침을 이루는 각 조각이 서로 갈라져 있는 경우 그 떨어져 있는 각각을 뜻함. 보통 녹색이지만 색소를 지녀 꽃잎처럼 보이는 것도 있다.
- sp.(종): 종(species)의 약자로 학명에서 이명법과는 다르고 단일 종을 의미할 때가 많다.
- spine(가시): 끝이 날카로운 고도로 변형된 잎을 말한다.
- spp.(종들): 종이 2개나 그 이상일 때 나타내는 약자의 표시이다.
- stamen(수술): 꽃의 웅성 기관으로 보통 꽃가루(pollen)를 그 주머니(anther, 약)에 포함하고 있고 꽃잎처럼 많은 수술들이 있다.
- stigma(암술머리): 꽃의 암술부분(pistil)으로 끝부분에서 꽃가루(화분)를 받아 수분을 한다.
- style(암술대): 암술머리(stigma)와 자방(ovary) 사이에 존재하는 줄기를 말한다.
- subsp.(아종): 종의 하위단위를 아종(subspecies)라고 하는데 이것의 약자이다.
- tap root(직근): 식물의 주요한 큰 뿌리를 말한다. 상대어는 수염뿌리, 즉 발근(fibrous root)이다.
- trichome(모용, 毛茸): 식물체의 표면에 자라는 털을 말한다.
- tubercle(혹): 식물체의 표면에 부풀어 오른 돌기(protuberance)로 많은 마밀라리아(Mammillaria) 선인장에서는 가시나 꽃이 이곳에서 유래한다.
- var.(변종): 변종인 버라이어티(variety)나 바리에타스(varietas)의 약자이다.
- variegated(무늬종의): 색깔이 섞어있는 것으로 일반적으로 흰색과 녹색이 섞어있는 경우가 많다.
- vernalization(춘화처리): 자연적으로 일어나거나 유기한 저온에서 개화를 유도하는 것을 말한다.

3. 한영색인(Korean-English Index)

(ㄱ)

(ㄴ)

(ㅅ)

(ㅈ)

4. 영한색인(English-Korean Index)

(A)

(B)

(C)

(D)

(E)

(F)

(G)

(R)

(S)

모든 기후에 적용되는 관리와 치료 가이드

다육식물 매뉴얼

|

The **Succulent Manual**

2019년 9월 25일 초판인쇄
2019년 9월 30일 초판발행
발행 : (사)한국선인장과 다육식물협회와 삼육대학교 부설 자연과학연구소
(TEL 02-3399-1745, FAX 02-3399-1741)
출판 : RGB Press(36cactus@naver.com)
ISBN 978-89-98180-22-5

〈역자의 공지〉

이 책은 2010년에 출판된 〈다육식물의 관리와 번식〉과 2016년 출판된 〈다육식물 세덤〉, 2018년 우수도서로 선정된 〈추위에 강한 다육식물〉과 관련성이 많은 책으로 우리나라의 선인장과 다육식물산업에 일조할 것으로 판단된다. 한국인의 취향에 맞추기 위해 사진을 재정비하고 색인을 만들었으며 전문적인 부분은 설명을 곁들이고 내용을 보강하였다. 독자여러분들의 이해와 성원을 기대한다.

〈역서출판에 도움을 주신 분들〉

먼저 한국어 번역을 흔쾌히 허락해준 저자와 법적인 문제와 업무대행을 해준 베스툰 코리아의 전유미 선생, 편집 및 인쇄를 맡아준 파오디의 조흥원 실장, 무엇보다도 다육식물 유전자원센터와 다육식물 과제수행 팀원들, 가족들께도 감사를 드린다.

〈역자경력〉

남상용(농학박사)

서울대 농생명과학대 식물생산과학부 학부, 석사, 박사졸업
현재 삼육대학교 과학기술대학 환경디자인원예학과 교수
현재 삼육대학교 부설 자연과학연구소 소장
현재 농촌진흥청 다육식물 유전자원관리기관 책임자
현재 (사)한국선인장과 다육식물협회장